XIAOSHUIDIAN JIZU
XIAOLVJIANCE HE FUHE YOUHUA FENPEI

# 小水电机组效率监测和负荷优化分配

贵州电网有限责任公司电力科学研究院
文贤馗　等　编著

中国电力出版社
CHINA ELECTRIC POWER PRESS

**图书在版编目（CIP）数据**

小水电机组效率监测和负荷优化分配 / 文贤馗等编著. —北京：中国电力出版社，2023.4
ISBN 978-7-5198-7756-9

Ⅰ. ①小… Ⅱ. ①文… Ⅲ. ①水轮发电机－发电机组－性能分析 Ⅳ. ①TM312

中国国家版本馆 CIP 数据核字（2023）第 074411 号

---

出版发行：中国电力出版社
地　　址：北京市东城区北京站西街 19 号（邮政编码 100005）
网　　址：http://www.cepp.sgcc.com.cn
责任编辑：安小丹（010-63412367）
责任校对：黄　蓓　常燕昆
装帧设计：赵姗姗
责任印制：吴　迪

---

印　　刷：北京天宇星印刷厂
版　　次：2023 年 4 月第一版
印　　次：2023 年 4 月北京第一次印刷
开　　本：787 毫米×1092 毫米　16 开本
印　　张：8.5
字　　数：177 千字
定　　价：60.00 元

---

# 本书编委会

主　编　文贤馗

副主编　苏　立　沈春和

参　编　毛　成　邓彤天　陈满华

曾癸森　范　强　刘　石

杨　毅　陈　晖　张昌兵

张建明　李超顺　任继顺

张民威

# 前 言

水能是清洁的可再生能源，充分利用水能资源，是可持续发展战略的重要组成部分。我国的小水电资源十分丰富，是我国电力工业中清洁能源的重要组成部分，预计到 2050 年，我国小水电装机容量将接近 1 亿 kW，小水电的效率监测和负荷优化分配越来越受到重视。

贵州电网有限责任公司电力科学研究院承担了贵州省科技重大专项项目《贵州电网小水电机组节能增效关键技术研究与应用》，组织相关单位开展了小水电机组运行效率监测、基于实时修正的效率曲线拟合、多机组间的负荷优化分配等研究，并在现场开展示范应用，取得良好效果，合理利用水能资源，充分发挥小水电效益，减少小水电站弃水损失，实现小水电站经济运行，具有良好的推广价值。

本书共六章，第一章对国内外小水电发展现状、效率监测研究现状、负荷优化分配技术研究现状进行阐述；第二章阐述小水电效率监测的原理及设备；第三章阐述小水电负荷优化分配技术；第四章阐述小水电效率监测和负荷优化分配系统架构；第五章阐述效率监测和负荷优化分配软件设计及功能；第六章阐述工程示范应用及效果。

与本书相关的研究工作得到了贵州省科技重大专项、中国南方电网有限责任公司科技配套项目的资助，在此表示感谢。

本书得到了贵州电网有限责任公司各级领导、贵州电网责任公司电力科学研究院领导及同仁的大力支持与帮助，并得到了北京中元瑞讯科技有限公司、南方电网电力科技股份有限公司、四川大学、华中科技大学、中国水利水电科学研究院等单位的鼎力帮助，在此一并表示感谢。

限于作者水平和时间仓促，书中难免存在错误和不妥之处，恳请读者批评指正。

编 者

2023 年 3 月

# 目　录

前言

第一章　概述 ······1

第一节　国内外小水电发展现状 ······1
第二节　小水电效率监测研究现状 ······4
第三节　负荷优化分配技术研究现状 ······6

第二章　小水电效率监测 ······9

第一节　小水电发电原理及模型 ······9
第二节　运行状态在线测量 ······11
第三节　基于实时动态自校正的智能曲线拟合 ······24
第四节　效率离线采集分析 ······30

第三章　小水电负荷优化分配技术 ······39

第一节　常用负荷优化分配算法 ······39
第二节　基于动态智能曲线拟合及连续稳定性函数的逐次逼近法 ······45

第四章　小水电效率监测和负荷优化分配系统架构 ······59

第一节　系统软件系统架构 ······59
第二节　架构说明 ······60
第三节　数据流图 ······62

第五章　小水电效率监测和负荷优化分配软件功能 ······ 64

第一节　效率实时采集监测系统软件设计 ······ 64

第二节　效率曲线智能拟合分析系统 ······ 73

第三节　最优有功控制分配系统 ······ 88

第六章　工程示范 ······ 102

第一节　项目实施情况 ······ 102

第二节　效率测试实例及其曲线拟合 ······ 108

第三节　最优负荷分配实例 ······ 121

# 第一章

# 概　述

## 第一节　国内外小水电发展现状

根据世界能源会议统计，全世界水能资源理论蕴藏量为44.28万亿kW·h/年，相当于平均出力50.5亿kW，年技术可开发量为19.4亿kW·h，其中，亚洲、非洲、拉美发展中国家年技术可开发量为122.600亿kW·h，占世界水力资源年技术可开发量的63%；欧洲、北美、大洋洲工业发达国家年技术可开发量为71.400亿kW·h，占世界水力资源年技术可开发量的37%。[1]

20世纪80年代，工业发达国家已开发了其技术可开发水能资源的32%，其中，欧洲总计59%，北美总计36%。而整个第三世界国家则仅开发了8%，其中，亚洲平均9%，拉丁美洲平均8%，非洲平均5%。中国水能资源年技术可开发为1.9万亿kW·h，约占世界水力资源年技术可开发量的10%。在当时，水电是仅次于煤、油的主要能源，在当时全世界发电量中约占23%。世界上有少数国家一直主要靠水力发电，如挪威、加拿大、瑞典、巴西、瑞士等，其水电占本国总发电的结构比重均达70%以上。

2021年，全球水电装机容量达1360GW，同比增长1.9%，其中新增部分主要来自中国，达近2.1GW。全球水力发电量达到4273.8TW·h，仅次于煤炭、天然气排名第三。2021年，中国是全球水力发电量最高的地区，发电量为1.3万亿kW·h，比第二名加拿大高出9192亿kW·h，这主要受我国自然资源的影响，中国不论是已探明的水力资源蕴藏量，还是可能开发的水能资源，都居世界第一位。

### 一、国外小水电建设和发展趋势

对于小水电规模的划分，各国没有一个严格、统一的规定。20世纪80年代第二次国际小水电技术经验交流会初步明确：单机容量100kW以下称为微型水电；单机容量100～1000kW称为小微型水电；单机容量1000～12000kW称为小型水电。

联合国新能源与再生能源大会水电技术小组建议：电站或单机容量1000kW以下称为微型水电；电站或单机容量10000kW以下称为小型水电。

据有关资料报道，很多国家早在20世纪就开始了中小河流的水能利用，然而到近些年来才得到相当广泛的发展。法国1977年有小水电站（容量小于1000kW）978座，总装机容量49万kW，发电量为18亿kW·h。瑞典1977运行的小水电站有1050座，共装机 1350 台，总装机容量 55 万 kW，每年发电 20 亿 kW·h。日本 1977 年运行的小水电站有 1350 座，总装机容量 700 万 kW（占全国所有水电站装机容量的 6%）。德国约有 3 万座用于农业的小水电站。美国和许多其他国家也修建了大量小水电站。

水力发电可以说是从小水电起家，一开始小水电受到人们的重视，取得较大的进展，后来随着技术的进步，主要是建筑技术、远距离高压输电技术等，使得大型电站显示出巨大的优越性，如大中型水电站的单位千瓦装机容量和每度电的成本较低，可以更好地满足用电需要等。为此，发达国家相继放弃了小水电的开发。在 20 世纪 60～70 年代，世界上许多国家曾出现过缩小中小电站数目和总装机容量的趋势。美国在 1963～1970 年间曾关闭 3000 座小水电站。法国从 1963 年到 1975 年，小水电的发电量下降约 78%，主要是关闭小水电站造成的。

1973 年能源危机以后，2002 年 1 月到 2008 年 8 月，世界原油均价由 17.56 美元/桶上涨到 129.75 美元/桶，涨幅高达 738.89%，无论是发展中国家还是发达国家，都认为有必要重新评价小水电。以发达国家来看，一些国家的水能资源开发程度已经较高，条件好的坝址多已开发，待开发的工程技术经济条件较差，开发大水电的困难越来越多。小水电虽然经济性差，但毕竟是本国资源，而且在采取适当措施后，也可改善小水电的经济性，有必要对小水电进行重新评价。而发展中国家由于经济落后，农业比重大，太阳能资源的开发利用程度低，在能源短缺的情况下，小水电这种干净而可再生的能源自然受到重视。一些西方国家对利用小河流发电问题又重新引起注意，并且在这方面开展了一系列的科学研究和勘测设计工作，以弄清开发小河流电能的经济条件和达到这些条件的途径。

## 二、我国小水电发展概况

水电作为高效清洁的可再生能源，具有成本低、污染小、便于调节等优点，而我国具有发展水电得天独厚的优势。水能资源在我国能源结构中占有非常重要的地位，2013 年水利部发布的第一次全国水利普查公报表明，我国共有水库 98002 座，总库容 9323.12 亿 $m^3$，共建有水电站 46758 座，总装机容量 3.33 亿 kW。目前水力发电是我国新能源开发利用最主要的组成部分，年发电量占所有新能源总发电量的 86.8%。我国具有非常丰富的水能资源，水能资源蕴藏量为 6.94 亿 kW，技术可开发量为 5.41 亿 kW，经济可开发量为 4.02 亿 kW，均居世界首位。

小型水电站是我国水能资源开发利用的重要组成部分。小水电具有施工周期短、投资低、运行维护简单、寿命长、坚固耐用等优点，适用于用电规模较小的边远地区和广大农村地区。小水电是农村重要的能源，对促进农村电气化、实现农业现代化作用很大。我国地域辽阔，河流众多，流域面积在 100$km^2$ 以上的河流有 5000 多条，除大江大河干流外，中小支流遍布全国。据普查资料统计，我国小水电资源十分丰富，理论蕴藏量为 1.5 亿 kW，相应的年发电量为 13000 亿 kW·h（其中，可开发资源为 7000 万 kW，年发电量为 2000 亿～2500 亿 kW·h）。我国 1912 年才利用水力发电，第一座水电站是云南昆明石垅坝水电站，装机容量480kW。直到1949年中华人民共和国成立，全国也只建成大小水电站共36万kW，小水电在当时只有20多处，2000多千瓦。中华人民共和国成立后，我国十分重视小水电的发展，1953年设置了小水电专管机构，1956年在四川崇庆县、福建永春县、山西洪洞县举办了3个全国性小水电技术训练班，为各省培养了第一批小水电建设的技术力量。1955年以前，我国每年新增电站一般只几处到十几处，新增容量几百千瓦；1958～1960年，我国每年新增电站达两三千处，新增容量5万～10万kW，电站数量虽多，但一般容量还很小，质量也较差，供电不可靠。三年困难时期，很大一部分电站被拆除废弃，每年新增电站数量也有所减少，但经过这段时间的实践，小水电的好处已逐渐为广大群众所认识，也培养了一批农村电工，为以后的发展打下了一定的基础。到1965年，我国新增电站装机容量又恢复到4万～6万kW。为了总结前一阶段发展小水电的经验，水电部于1969年11月在福建永春县召开了一次全国小水电现场会，推广了永春县自力更生修建3000kW小水电的经验；同时，由于国家在资金、技术原材料方面给小水电以补助和扶持，调动了各级办电的积极性。从20世纪70年代开始，我国小水电发展速度很快，70年代初期每年装机容量30万～40万kW，1976～1978年装机容量分别达50万、70万、90万kW，1979年装机容量突破100万kW。1979～1980年，由于压缩基本建设战线，国家补助资金减少，同时决定放慢速度，重点转向配套、管理，以充分发挥现有电站的效益。1981年，我国小水电继续在巩固中发展，截至1982年底，我国已建成小水电站8万余座，总装机容量达808万kW，相当于1949年全国水、火电发电设备总容量的3倍多。截至2004年，我国已开发小水电装机容量为34.66GW，已开发小水电资源占可开发资源的27%。截至2014年，我国已建成小水电站47073座，总装机容量7322万kW，年发电量2281亿kW·h，其中，西部地区占全国的48%，东部地区占全国的30%，中部地区占全国的22%。小水电广泛分布在全31个省（市）1535个县，其中，云南省装机容量达到1107万kW，位居全国第一，四川、广东和福建分列第二、三、四位。

我国小水电资源分布和开发利用状况如表1-1所示[2]。

**表1-1　　全国各地区小水电开发情况**

| 地区 | 技术可开发量（万kW） | 技术可开发量占比（%） | 已开发装机总容量（万kW） | 已开发量比例（%） |
|---|---|---|---|---|
| 全国 | 12803.2 | 100 | 5512.1 | 43.1 |
| 西南 | 6196.7 | 48.4 | 2078.1 | 33.6 |
| 西北 | 1754.0 | 13.7 | 396.9 | 22.6 |
| 东部 | 2214.9 | 17.3 | 1848.5 | 83.4 |
| 中部 | 2086.9 | 16.3 | 1122.4 | 54.0 |
| 东北 | 550.5 | 4.3 | 66.3 | 12.1 |

预计到2050年，我国小水电装机容量将接近1亿kW，小水电开发率将达到80%左右。

由于小水电具备投资少、运营成本低等优点，受到了很多民营资本的青睐。2004年前后，在国家“多家办电”的投资体制改革方针下，不少民营企业涌入投资开发小水电的浪潮中，以期在政策利好导向下获取理想的投资回报。

然而近十几年来，我国小水电发展却面临着诸多困境，在部分小水电经营状况不佳、未来形势难以估量的情况下，不少民营资本采用出售方式止损；另外，国家发展改革委出台了《关于印发〈关于规范电力系统职工投资发电企业的意见〉的通知》，职工持有小水电股份也进入了出售转让的进程，部分国有企业在考虑企业长期发展、提高企业可再生能源比例的基础上，开展了一系列并购收购工作，但运营效益却难令人满意。在这种情况下，中小水电项目虽被列为重点发展方向，却不能引发投资者的持续热情，境遇十分尴尬。

## 第二节　小水电效率监测研究现状

目前，小水电水能利用率普遍偏低，提高水能利用率的方法有优化调度、设备优化、基于效率的负荷分配等[3-7]。实际运行中，基于效率的负荷分配管理往往比较粗放，甚至忽略机组运行效率。机组效率是评价水轮机能量转换性能和指导水轮机经济运行的重要指标。准确、实时地测定机组效率水平，充分利用机组高效率工况运行，指导电网优化负荷分配，能有效提升水能利用率。

目前在电厂实际运行中获取效率的手段主要有三种方式[8-10]：一是根据由模型试验得到的水轮机运行特性曲线获取；二是在现场进行效率试验获取，通过安装相应传感器，获取机组在不同工况下的效率值并由此绘出效率特性曲线，结合模型试验数据指导机组运行；三是状态监测技术在水电站的应用，能够实时测量机组运行参数，反映机组实时效率水平。

水电机组的效率获取，主要存在以下问题：

（1）虽可用模型特性曲线换算机组效率，但由于相似定律、设计理论、设计方法、制造加工、现场条件、运行工况、安装检修质量等造成实际运行的水力发电机组的效率与模型机组效率存在差异，误差较大；实际运行管理中，由于历史原因、管理不到位等原因，小水电机组常常无效率数据可查。

（2）对于离线现场效率试验，试验周期长，机组长时间运行或者检修后出现效率改变后，需要重新进行试验，甚至一个检修周期内，受调度安排，防洪要求、水位变化、试验条件等约束效率试验还不能覆盖所有水头，存在试验未做完而机组效率已经改变的情况。

水轮机效率是机组负荷、水头及流量的非线性函数，根据流量测量方法的不同，水轮机效率可分为绝对效率和相对效率，其不同之处在于能否直接测量机组真实流量。当采集到足够的运行参数数据后，即可通过回归分析的方法得到水轮机性能特性曲线。GB/T 20043—2005《水轮机、蓄能泵和水泵水轮机水力性能现场验收试验规程》[11] 推荐采用最小二乘法求解光滑的拟合曲线，其各点偏差之和为零，且偏差的平方和最小。目前，不论模型试验还是通过现场真机试验求解效率曲线，通常都是根据这个原则来进行的，但求解效率曲线存在一定的不足，即：效率曲线只能反映特定工况下效率和单一变量的关系，如特定水头下效率和有功的关系、和流量的关系等，但实际上，水轮机效率是由机组负荷、水头及流量共同决定的，通过最小二乘法求解光滑拟合曲面，进而得出特定工况下效率和多变量的关系将更有利于进行水轮机效率分析，目前实际应用中这方面的研究报道相对较少。张伟[12] 研究了效率监测系统，作为水电机组监测的重要手段之一，为了能够直观、全面地表达监测结果，从水轮机运转特性曲线图上的等效率特性曲线出发，利用相应的插值算法得到效率特性曲面，并根据效率特性曲面设计在线监测系统软件，根据所需监测的工况参数开发了一块可以连续采样的 PCI 采集卡，以实现水电机组的效率在线监测和直观显示，解决了监测界面表达直观、全面的问题。

得益于计算机技术的快速发展，现已可以针对海量数据进行储存、处理和计算，范小波等[13] 已将大数据应用与水电机组的故障诊断中，相关针对大数据应用的在线监测、故障诊断技术在火电机组、风电机组中也得到了应用。

单从水轮发电机本身而言，提高效率的技术难度较大，这就需要通过小型水电站水电自动优化系统来实现。通过优化水轮机运行方案，给机组分配最优的有功功率，使机组始终运行在较优效率区是目前解决此问题较好的办法。目前负荷分配方法主要有基本负荷法、最佳点负荷法、等比例分配法等，这些方法简单易行、操作方便，但并不能保证效率最优。因此，基于效率在线平台的负荷分配研究具有重要的应用价值。但由于在线实时动态效率的负荷分配，综合了水文、机组型式、运行工况、稳定性、算法等各方面内容，需要大量的基础数据及在线测量数据，有一定的难度，即使在大水电机组中，也未见有效率在线测量并成功用于实时负荷分配的案例。

针对小水电水能利用率低的问题进行了深入分析，以小水电机组容易忽略的水轮机是否运行在最优效率区域问题为突破口，开发了一种实时动态自修正的三维效率曲线拟合方法，解决了大数据样本误差噪声引起的效率拟合误差以及机组的运行状态改变后效率迁移引起的误差问题，实现了在线效率曲面的自动实时动态绘制。该方法基于实时的水电机组效率在线测量数据，建立大数据基础库，实时计算获得效率、耗水率、工作水头等水力能量参数。通过原有模型效率计算值与实际测量效率进行比较，判断原有模型是否需要进行校正，如模型误差超过阈值，则采用新的在线测量数据样本，重新对效率模型进行修正，经过多次迭代获得准确的效率函数模型。针对相同相近样本数据带来的测量误差噪声问题，以及机组的运行状态（包括如转轮空蚀、磨损等原因导致效率下降）改变后效率迁移引起的误差问题，建立了基于时间序列及权重函数的归一化数据处理方法。针对系统自动动态校正启动条件问题，从样本数量、数据累计周期、误差控制条件3个方面分别建立了动态自校正条件，最终实现了效率在线实时智能拟合分析，进而对多机组最优效率进行协调控制，最终实现小水电机组的节能增效。

## 第三节　负荷优化分配技术研究现状

从最优负荷分配和发电控制方法的角度来说，广泛应用于大中型水电站的自动发电控制（Automatic Generation Control，AGC）是最接近于本研究的系统。因此，本节首先分析目前广泛使用的AGC技术现状。

按照定义，水电厂AGC是指按经济、迅速、安全的原则，以预先设定的条件和要求，对水电厂的有功功率进行控制、调节，以满足系统需要的一种自动控制技术。在AGC控制方式下，能实现水电厂机组负荷的自动分配，自动确定机组运行台数和机组组合，自动确定并控制机组的启、停，以确保全厂安全运行，达到控制整个水电厂的有功功率为电网AGC给定的目标要求[14]。

按照经济性原则要求，在满足各项限制的条件下，用最小的流量发出所需的水电站功率。用数学方法表示如下：

目标函数：

$$\left.\begin{aligned} Q_{st} &= \sum_{i=1}^{n} Q_i(P_i) \Rightarrow \min \\ V_{st} &= \max(V_1, V_2, \cdots, V_n) \Rightarrow \min \end{aligned}\right\} \tag{1-1}$$

式中　$Q_{st}$——水电站流量；

$P_i$——第$i$台机组的功率；

$Q_i$——第$i$台机组的流量；

$n$——运行机组的台数。

联系方程：

$$Q_i = Q_i(P_i, H) \tag{1-2}$$

式中　$H$——水头。

$$V_i = \begin{cases} 1 & P_i\text{ 在振动区} \\ 0 & P_i\text{ 不在振动区或者机组停机} \end{cases} \tag{1-3}$$

约束条件：

$$V_i = \begin{cases} 1 & P_i\text{ 在振动区} \\ 0 & P_i\text{ 不在振动区或者机组停机} \end{cases} \tag{1-4}$$

功率平衡方程：

$$P_{st} = \sum_{i=1}^{n} P_i$$

式中　$P_{st}$——水电站需要总功率。

机组功率限制：

$$P_{\min} < P_i < P_{\max} \tag{1-5}$$

电厂备用容量限制：

$$\sum_{i=1}^{n} P_{\mathrm{sv,i}} - P_{\mathrm{st}} = P_{\mathrm{res}} \tag{1-6}$$

式中 $P_{\mathrm{sv,i}}$ ——第 $i$ 台机组的可用功率，通常为机组的额定功率；

$P_{\mathrm{res}}$ ——需要的电厂备用容量。

下泄流量限制条件：

$$Q_{\mathrm{st}} \geqslant Q_{\min} \tag{1-7}$$

式中 $Q_{\min}$ ——下游要求的最小流量。

简单来说，AGC 系统的主要目的是对上述目标函数和约束条件的寻优求解，最终给出电站内每一台机组的负荷，并实现发电控制。

为了确定水电站最佳运行台数和组合、机组间经济分配负荷，近年来，国内外出现了不少水电站自动发电控制的数学模型和算法[15-19]，如：水轮机组合效率曲线交点法；功率反馈法；动态规划法；等负荷分配和比例分配法；开停机指标数法；等微增率法；拉格朗日算子法等。

从现状看，上述不同方法在实际实施中存在不同缺陷，总的来说集中在以下几个方面：

（1）等负荷分配和比例分配法在负荷分配过程中未能将全厂各机组的真实水头效率模型作为优化目标函数。

（2）水轮机组合效率曲线交点法、动态规划法、等微增率法等虽然考虑了全厂流量最优这个指标，但是参考的“水头—负荷—效率”模型是经过简化的，大部分基于主机厂给出的理论数据或者模型试验给出的数据是静态、不变的，与机组实际效率模型存在差异，或者说未能实现与效率测量和智能拟合系统的数据联动。分析问题，一方面是参考的效率模型与真机有差异；另外一方面，受限于实际测试水头，按照这种方法即使能给出若干组曲线簇，但也是非常有限的，曲线簇数量少意味着在实际负荷寻优过程中，通过简单插值获得的流量/效率数据带有较大的误差；以及静态的模型数据，不能适应机组在效率有变迁条件下的最优分配。

（3）上述各方法，大部分可以在负荷分配时可以将避开振动区作为一个约束条件。一般是人为设定 1 个或者多个（比如 3 个）固定的振动负荷区，在寻优时，将其作为躲开负荷的一组条件。但是，针对传统的避开振动区算法，存在以下若干问题：

1）对于大多数机组而言，振动大小是与工作水头有关系的，不同水头下振动区是有差异的，如果不能按照工作水头确定振动区，只能人为设定 1 个或者多个较大的振动区，这样一来就无形中减小了机组的可运行调度区。

2）空蚀区问题。机组在偏离最优运行工况时或离最优运行工况较远时，转轮的出流条件将发生很大改变，并在不同程度上加剧空蚀，引起机组振动。尾水管进人孔门处噪声大。转轮空蚀对转轮和尾水管有损伤，不能长期运行，因此，空蚀区也应该避开运行，但是从目前实际运行的系统来说，很少考虑空蚀区避开运行的问题。

3）上述系统设定的振动区是一个固定振动负荷区，并且系统一般不接入实际的振动摆度监测系统，也无法将实际测量的振动摆度数据本身作为一个评价的依据，如果机组的实际振动特性因为某种原因发生改变，那么这种改变也不能及时反映到负荷分配系统中。

4）临界振动区问题。临界振动区是临近振动区的负荷区，包括上临界区和下临界区。机组运行在临界区的特点是，机组运行稳定性尚可，但不一定是最优区域，而且机组负荷稍有波动就有可能进入振动区，因此，临界振动区严格来说，机组不能在此负荷区域长时间运行，应属于受控运行，当机组在临界振动区运行一段时间后，负荷分配程序应主动重新进行负荷分配，将该机组调整离开临界振动区。但是目前上述的算法，对于临界振动区的分配还未能有效控制和处理。

因此，在逐项分析对比各种方法的基础上，提出适用于要求的最优负荷分配方法。

# 第二章

# 小水电效率监测

## 第一节　小水电发电原理及模型

### 一、发电原理

在重力场的作用下，河道中高处的水流相对于较低的位置具有更高的能量，其高差越大，流量越大，能量就越大，做功的能力就越强。当某河段修建水电站后，水流便由水轮机进口经水轮机流向出口，这就在水轮机进口和出口存在能量差，其大小可根据水流能量转换规律来确定。水流流过水轮机时，水流把自身能量传给水轮机，水轮机获得能量后开始旋转而做功，因水轮机和发电机相连，水轮机便把其获得的能量传给发电机，带动发电机转子旋转，在定子内产生电势，带上外负荷后便输出电流，此即为水力发电的基本过程。水轮机的基本工作参数主要有工作水头 $H$、流量 $Q$、出力 $P$、效率 $\eta$、转速 $n$ 等[3]。

#### （一）工作水头

水轮机的工作水头是指水轮机进口和出口截面处单位重量的水流能量差，单位为 m。对于反击式水轮机，进口断面取在蜗壳进口处断面，出口取在尾水管出口断面，列出水轮机进、出口断面的能量方程，根据水轮机工作水头的定义即可写出其基本表达式：

$$H = E_1 - E_2 = \left(z_1 + \frac{p_1}{\gamma} + \frac{\alpha_1 v_1^2}{2g}\right) - \left(z_2 + \frac{p_2}{\gamma} + \frac{\alpha_2 v_2^2}{2g}\right) \tag{2-1}$$

式中　$E_1$、$E_2$——进、出口断面处单位重量水体的能量，m；

$z_1$、$z_2$——进、出口断面位置相对于某一基准的位置高度，m；

$p_1$、$p_2$——进、出口断面位置相对压力，Pa；

$v_1$、$v_2$——进、出口断面位置平均流速，m/s；

$\alpha_1$、$\alpha_2$——进、出口断面位置处不均匀系数；

$\gamma$——水的重度，可取 9810N/m$^3$；

$g$——重力加速度，可取 9.81N/s$^2$。

式中计算常取 $\alpha_1$、$\alpha_2$ 为 1，$\alpha v^2/2g$ 称为水流动能，$p/\gamma$ 为水流压力势能，$z$ 为水流位置势能，三项之和即为水流在该截面的总能量。

工作水头 $H$ 又称净水头，是水轮机做功的有效水头，上游水库的水流经过进水口拦污栅、闸门和压力水管进入水轮机，水流通过水轮机做功后，由尾水管排至下游，在这一过程中，产生水头损失 $\Delta h$，上、下游水头差值称为水电站毛水头 $H_g$，单位为 m，因而，工作水头 $H$ 又可表示为：

$$H = H_g - \Delta h \tag{2-2}$$

对于冲击式水轮机，工作水头定义为喷嘴进口断面与射流中心线跟转轮相切处单位水流总能量之差。

水轮机的水头，表明水轮机利用水流单位能量的多少，是水轮机最重要的工作参数，其大小直接影响水电站的开发方式、机组类型及电站的经济效益等技术经济指标。

（二）流量

水轮机的流量是单位时间内通过水轮机某一既定过流断面的水流体积，常用 $Q$ 表示，单位为 $m^3/s$，在设计水头下，水轮机以额定转速、额定出力运行时所对应的流量为设计流量。

（三）转速

水轮机的转速是水轮机转轮在单位时间内的旋转次数，常用 $n$ 表示，常用单位为 r/min。

（四）出力与效率

水轮发电机出力主要有 3 个特征值，分别为水流的出力 $P_n$、水轮机的出力 $P$、发电机的出力 $P_t$。水流的出力是水轮机的输入功率，是单位时间内通过水轮机的总能量，水轮机的出力是水轮机轴端输出的功率，其为发电机的输入功率，它们之间可通过转化效率来进行计算。其大小关系为：

$$P_n > P > P_t \tag{2-3}$$

在知道流量、工作水头后，水流的出力可按式（2-4）进行计算：

$$P_n = \gamma QH \tag{2-4}$$

由此，在进行初步计算时，水轮机和发电机的出力即可按式（2-5）、式（2-6）进行计算：

$$P = \gamma \eta_t QH \tag{2-5}$$

$$P_t = \gamma \eta_t \eta_f QH \tag{2-6}$$

式中　$\eta_t$——水轮机的效率；

　　　$\eta_f$——发电机效率。

由于水轮发电机在工作过程中有损耗，故 $\eta_t$、$\eta_f$ 均小于 1。

考虑到水轮机将水能转化为水轮机出力的过程中，产生旋转力矩 $M$ 来克服阻抗力矩，并以角速度 $\omega$ 旋转，故水轮机出力也可按式（2-7）进行计算：

$$P = M\omega = \frac{2\pi nM}{60} \tag{2-7}$$

式中 $\omega$——旋转角速度，rad/s；

$M$——主轴输出的旋转力矩，N·m。

### 二、水轮机的类型和工作范围

水轮机是将水能转化为旋转机械能的原动机，能量的转换是借助转轮叶片与水流相互作用来实现的。根据转轮内水流运动的特征和转轮转换水流能量形式的不同，水轮机分为反击式水轮机和冲击式水轮机两大类。反击式水轮机包括混流式、轴流式、斜流式和贯流式水轮机；冲击式水轮机分为水斗式、斜击式和双击式水轮机。其分类和主要适用范围如表 2-1 所示[4]。

**表 2-1 水轮机类型及适用范围**

<table>
<tr><th>类型</th><th colspan="2">型 式</th><th>水头范围（m）</th><th>应 用 情 况</th></tr>
<tr><td rowspan="8">反击式</td><td rowspan="2">混流式</td><td>混流式</td><td>20～700</td><td rowspan="2">应用范围最为广泛</td></tr>
<tr><td>混流可逆式</td><td>80～600</td></tr>
<tr><td rowspan="2">轴流式</td><td>轴流转桨式</td><td>3～80</td><td rowspan="2">在中低水头、大流量水电站中应用广泛</td></tr>
<tr><td>轴流定桨式</td><td>3～50</td></tr>
<tr><td rowspan="2">斜流式</td><td>斜流式</td><td>40～200</td><td rowspan="2">加工工艺要求和造价较高，目前这种水轮机应用不普遍</td></tr>
<tr><td>斜流可逆式</td><td>40～120</td></tr>
<tr><td rowspan="2">贯流式</td><td>贯流转桨式</td><td rowspan="2">1～25</td><td rowspan="2">适用于低水头、大流量的水电站</td></tr>
<tr><td>贯流定桨式</td></tr>
<tr><td rowspan="3">冲击式</td><td colspan="2">水斗式</td><td>40～1700</td><td>适用于高水头、小流量的水电站</td></tr>
<tr><td colspan="2">斜击式</td><td>20～300</td><td>多用于中、小型水电站，效率较水斗式低</td></tr>
<tr><td colspan="2">双击式</td><td>5～100</td><td>一般适用于单机出力不超过 1000kW 的小型水电站，效率较低</td></tr>
</table>

## 第二节 运行状态在线测量

### 一、机组流量测量方法

测量机组流量有流速仪测流法、热力学法、超声波测流法、蜗壳差压法、示踪法、水锤法及相对法等。本章主要介绍超声波测流法、蜗壳差压法、水锤法、流速仪测流法测量机组流量，以及各自的使用场合。

（一）超声波测流法

超声波测流法具有较高的精度，测试相对简单、后处理自动化程度高，近年来针对大、中型中、低水头的电站，国内外通常采用这一方法进行测试[20]。本方法可用于持续在线的机组流量测量，特别适用于压力（钢）管直管段较长的机组。

1. 传播时间差法测量原理

多声道超声流量计是通过传播时间差法测量超声脉冲传播时间得出介质流量的速

度式流量计。

让声脉冲在管道内沿斜线向逆流和顺流方向传播（见图 2-1），分别测量它们的传播时间，其传播时间差与介质的轴向平均流速有关，从而使用数值计算技术计算出在工作条件下流量计的介质轴向平均流速。

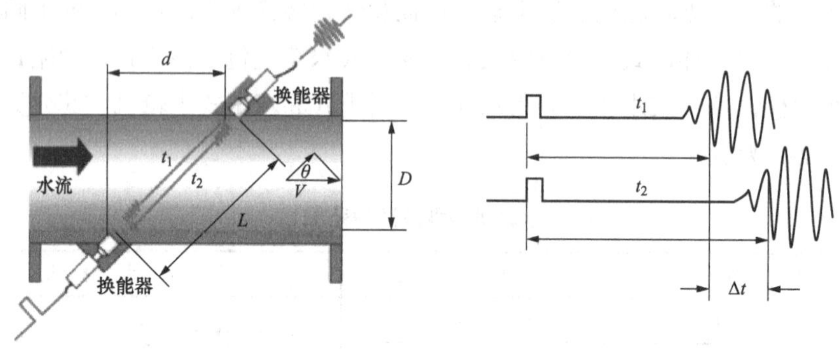


图 2-1　超声流量计流速测量示意图

D—管内径，mm；L—声道长度，mm；d—声道距离（L 在管道轴线上的投影），mm；V—介质流动速度，m/s；θ—声道角度（声道与管道轴线的夹角），(°)

超声脉冲穿过管道如同渡船渡过河流。如果液体没有流动，超声波将以相同速度向两个方向传播。当管道中的介质流速不为零时，沿介质方向顺流传播的脉冲将加快速度，而逆流传播的脉冲将减慢。因此，相对于没有介质的情况，顺流传播的时间 $t_1$ 将缩短，逆流传播的时间 $t_2$ 会增长，根据此两个传播时间，流速 $V$ 为：

$$t_1 = \frac{L}{C + V\cos\theta} \tag{2-8}$$

$$t_2 = \frac{L}{C - V\cos\theta} \tag{2-9}$$

求得：

$$V = \frac{L^2}{2d} \times \frac{t_2 - t_1}{t_1 \times t_2} \tag{2-10}$$

式中　$t_1$——顺流传播的时间；

$t_2$——逆流传播的时间；

$C$——超声波在流体介质中的传播速度。

2. 流速 $V$ 的演算过程

$$V = \frac{v}{\cos\theta} \tag{2-11}$$

其中：

$$\cos\theta = \frac{d}{L}，\Delta t = t_2 - t_1 \tag{2-12}$$

得：

$$t_1 = \frac{L}{C+v} = \frac{L}{C+V\cos\theta} \tag{2-13}$$

$$t_2 = \frac{L}{C-v} = \frac{L}{C-V\cos\theta} \tag{2-14}$$

求得：

$$\frac{1}{t_1} - \frac{1}{t_2} = \frac{2V\cos\theta}{L} \tag{2-15}$$

得：

$$V = \left(\frac{1}{t_1} - \frac{1}{t_2}\right)\frac{L}{2\cos\theta} = \frac{L^2}{2d} \times \frac{t_2 - t_1}{t_2 \times t_1} \tag{2-16}$$

多声道超声流量计把各声道水平布置，按照图 2-2 分布声道，通过时间差法，测得流体横截面流线速度平均值，再生成流速分布函数，然后通过对面积分布和速度分布进行二重积分计算出流量。

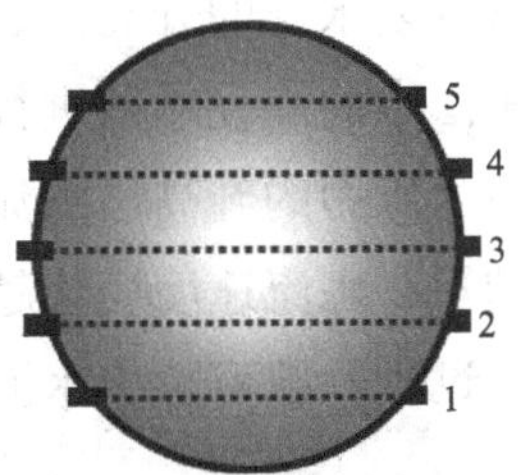


图 2-2 满管型超声流量计测量原理图

$$Q = \iint V(r)S(r)\mathrm{d}r \bullet \mathrm{d}s \tag{2-17}$$

式中 $V(r)$——流速在管道内与半径关系；

$S(r)$——管道截面积与半径关系。

（二）蜗壳差压法

蜗壳差压法测流是运行水电站最常用的一种方法，它不仅具有方便、简单、可靠的优点，而且当测压点选择得当，蜗壳流量计具有较高的测量精度。如乌溪江水电站、小浪底水电站水轮发电机组效率试验即采用此种方法，非常适合于持续在线测量。

具有一定流速的水流流经蜗壳时，由于蜗壳中心线弯曲，水流在弯曲流道上产生离心力，使得蜗壳内、外缘两点产生压力差 $\Delta H$ 。根据伯努利方程，可推导出通过机组流量：

$$Q = k\Delta H^n \tag{2-18}$$

式中 $Q$——测量获得的蜗壳差压；

$k$——该计算的蜗壳流量系统；

$n$ ——对大多数机组而言为 0.5，即：

$$Q = k\sqrt{\Delta H} \tag{2-19}$$

而蜗壳流量系数则可以通过其他流量测试方法（如流速仪法）在同时测量得到流量和蜗壳差压的情况下获得。

在实际测量系统中，水流在蜗壳内流过时，水压的脉动是影响差压测量准确度的重要因素，尤其是在较小流量工况下，测压管道里的积累气体和流道里的脉动作用，使得蜗壳差压测量不稳定，数值跳动较大。因此，如需获得稳定、准确的差压，在大多数条件下，需要在传感器前端加装合适的稳压桶，以去除管道里的气体积累和流道里的水流脉动影响，保证测量系统能测得较为准确的蜗壳差压测值。

通常来说，蜗壳流量系数的确认需要采用其他流量测量方法来校正，因此，蜗壳差压法通常用来测量机组的相对效率。

（三）水锤法

水锤法又称压差—时间法，由美国人 N.R.吉普逊于 1923 年提出，故又称吉普逊法。当机组突然甩掉负荷、水轮机导叶迅速关闭时，压力钢管中水流速度很快减小到零，水流的动量转变成冲量，从而引起钢管内水压的升高，这种现象称为水锤。在我国现场试验中，较多采用水锤法对蜗壳差压法中的蜗壳系数进行率定，如小浪底水电站。

在机组甩负荷时，引水管道中水压力的升高与水流速度变化快慢有关，即与导叶关闭时间长短有关。导叶关闭时间越短，水流速度变化越快，水压力升高也越大。如能测出压力钢管中水压力变化的数值与过程，就可算出水流速度，从而可求出导叶关闭前通过水轮机的流量。

水锤法最基本的原理是牛顿第二运动定律，具体为：在理想流体中，假设有一定常流动管道横截面为 $A$，上游横断面（下标为 u）和下游横断面（下标为 d）之间的有效长度为 $L$，流体质量为 $\rho LA$，阀门关闭后，流速的变化为 $\mathrm{d}v/\mathrm{d}t$，由此产生上、下侧压差 $\Delta P = P_{\mathrm{d}} - P_{\mathrm{u}}$ 的关系为：

$$\rho LA\frac{\mathrm{d}v}{\mathrm{d}t} = -A\Delta P \tag{2-20}$$

如果 $t$ 为流速变化时间，$\xi$ 为两断面之间的摩擦引起的压力损失，则有：

$$A\int_0^t \mathrm{d}v = -\frac{A}{\rho L}\int_0^t (\Delta P + \xi)\mathrm{d}t \tag{2-21}$$

阀门关闭前的流量为：

$$Q = Av_0 = \frac{A}{\rho L}\int_0^t (\Delta P + \xi)\mathrm{d}t + Av_1 \tag{2-22}$$

式中　$Av_1$——阀门关闭后的泄漏流量。

在获得流量后，根据效率计算公式可以直接计算出机组效率。

从水锤法原理可知，该方法并不适合机组流量的长期在线测量。

（四）流速仪测流法

流速仪测量河渠流量是利用面积—流速法，即用流速仪分别测出若干部分面积的垂直于过水断面的部分平均流速，然后乘以部分过水面积，求得部分流量，再计算其代数和得出断面流量。

从水力学的紊流理论和流速分布理论可知，每条垂线上不同位置的流速大小不一，而且同一个点的流速具有脉动现象。所以，采用流速仪测量流速，一般要测算出点流速的时间平均值和流速断面的空间平均值，即通常说的测点平均流速、垂线平均流速和部分平均流速。

1. 基本方法

流速仪测流，在不同情况或要求下，可采用不同的方法。其基本方法，根据精度及操作繁简的差别分为精测法、常测法和简测法。

（1）精测法。精测法是在断面上用较多的垂线，在垂线上用较多的测点，而且测点流速要用消除脉动影响的测量方法。用以研究各级水位下测流断面的水流规律，为精简测流工作提供依据。

（2）常测法。常测法是在保证一定精度的前提下，在较少的垂线、测点上测速的一种方法。此法一般以精测资料为依据，经过精简分析，精度达到要求时，即可作为经常性的测流方法。

（3）简测法。简测法在保证一定精度的前提下，经过精简分析，用尽可能少的垂线、测点测速的方法。在水流平缓，断面稳定的渠道上可选用单线法。

2. 测线布设

测流断面上测深、测速垂线的数目和位置，直接影响过水断面积和部分平均流速测量精度。因此，在拟订测线布设方案时，要进行周密的调查研究。

国际标准规定，在比较规则、整齐的渠床断面上，任意两条测深垂线的间距，一般不大于渠宽的 1/5，在形状不规则的断面上，其间距不得大于渠宽的 1/20。测深垂线应分布均匀，能控制渠床变化的主要转折点。一般渠岸坡脚处、水深最大点、渠底起伏转折点等都应设置测深垂线。

测速垂线的数目与过水断面的宽深比有关。精测法的测速垂线数目与宽深比的关系式为：

$$N_0 = 2\sqrt{\frac{B}{\overline{D}}} \tag{2-23}$$

式中 $N_0$——测速垂线数目；

$B$——水面宽；

$\overline{D}$——断面平均水深。

常测法的测速垂线数目与宽深比的关系式为：

$$N_0 = \sqrt{\frac{B}{D}} \tag{2-24}$$

简测法的测速垂线数目及其布置，应通过精简分析确定。主流摆动剧烈或渠床不稳的测站，垂线不宜过少，垂线位置应优先分布在主流上。垂线较少时，应尽量避免水流不平稳和紊动大的岸边或者回流区附近。由于灌溉渠道的断面一般都比较规则，有些测站修建了标准断面，故可将测深垂线与测速垂线合并起来，即在测线处既测深又测速。

3. 适用范围

流速仪法测流可以通过布设合理多个测速垂线数目，实现高精度的流速测量。但是，由于其在测量时需要安装和布设数量较多的流速仪、测速垂线数目，长期在线测量是不现实的，因此，多用于试验验证性的机组流量测量，在测量完成后，所布设的传感器等将被拆除。

（五）各类测量方法的分析对比

从上述各方法的测量原理上看，水锤法在机组甩负荷时才能进行测量，并不适合机组流量的长期在线测量。流速仪法测流可以通过布设合理多个测速垂线数目，实现高精度的流速测量，但由于在测量时需要安装和布设数量较多的流速仪、测速垂线数目，长期在线测量是不现实的。适合长期在线的方法只有蜗壳差压法和超声波测流法。其中，超声波法特别适用于压力（钢）管直管段较长的机组的流量测量；蜗壳差压法则具有方便、简单、可靠的优点，但是需要先通过其他测流方法测得机组的蜗壳流量系数，通常用来测量机组的相对效率。

## 二、效率测量和计算

（一）效率测量原理

一个机械设备的效率，是其有功功率与总功率之比，或者描述为输出功率与输入功率之间的比值。对于水轮机而言，其效率即为水轮机轴功率和水流功率之间的比值。由于水轮机轴功率测量难度太大，因此，在原型效率试验或者一般性效率测量试验中，多采用式（2-25）进行计算：

$$\eta_t = \frac{N_g}{\eta_g QHg} \tag{2-25}$$

式中 $\eta_t$——水轮机效率；

$N_g$——发电机功率；

$\eta_g$——发电机效率；

$Q$——机组流量；

$H$——工作水头；

$g$——当地重力加速度。

而工作水头的计算方法为：

$$H = A_1 - A_2 + \frac{1000P_1}{Dg} - \frac{1000P_2}{Dg} + \frac{Q^2}{g^2}\left(\frac{a_1}{S_1^2} - \frac{a_2}{S_2^2}\right) \tag{2-26}$$

机组耗水率的计算方法为：

$$q = \frac{Q \times 3600}{N_t \times 1000} = \frac{Q \times 3600}{\dfrac{N_g}{\eta_g} \times 1000} \tag{2-27}$$

式中 $A_1$——蜗壳进口压力传感器安装高程，m；

$A_2$——尾水管出口压力传感器安装高程，m；

$P_1$——蜗壳进口压力传感器读数，kPa；

$P_2$——尾水管出口压力传感器读数，kPa；

$D$——当地水密度；

$S_1$——蜗壳进口断面面积；

$S_2$——尾水管出口断面面积；

$a_1$——蜗壳进口断面处流速不均匀系数，通常取 1；

$a_2$——尾水管出口断面处流速不均匀系数，通常取 1；

$q$——机组耗水率；

$N_t$——水轮机出力，kW。

在获得流量、水头、出力等运行数据后，根据效率公式可以直接计算出水轮机效率、机组耗水率等水力能量参数。

（二）基础参数的测量获取

1. 发电机功率 $N_g$ 的测量

由于水轮发电机容量大、电压高，进行测量时不能将功率表直接接至母线上，所以发电机功率 $N_g$ 往往通过功率变送器直接采集获得，或者通过通信从监控等设备采集获得。

2. 发电机效率 $\eta_g$ 的获取

目前来讲，水轮发电机属于较大规模的发电机，其效率一般都在95%以上。正常来说，发电机组效率与机组有功功率和机组无功功率有关，表现为不同无功功率下的有功功率与发电机效率之间的曲线簇，或者说效率与发电机容量之间的曲线关系，由制造厂提供相应发电机效率与发电机容量的关系曲线图或表。

因此，在测量获得机组有功功率、无功功率之后，可以通过查表插值方法获得较为准确的发电机效率 $\eta_g$。其中，机组无功功率可通过功率变送器直接采集获得，或者通过通信采集获得。

3. 机组流量 $Q_g$

机组流量的测量是整个效率测量的核心，比较通用的有蜗壳差压法、超声波流量法和水锤法（详见“机组流量测量方法”）。

4. 当地重力加速度 $g$

由于地球是一个不规则球体，各地的重力加速度略有差异，与所处纬度以及海拔高度有关。但是，对于确定的水电站而言，其重力加速度的差异几乎可以忽略不计，可以认为是一个常值。

在实际测量中，可以通过式（2-28）计算水电站所在地的标准重力加速度（1967 年国际重力公式）：

$$g = 978.03185(1 + 0.005278895\sin^2 \Phi + 0.000023462\sin^4 \Phi) \tag{2-28}$$

式中 $\Phi$ ——水电站所在地的纬度。

或可通过表 2-2 查找得到水电站所在地的标准重力加速度。

**表 2-2　　标准重力加速度参考表**

| 纬度 $\Phi$（°） | 平均海平面以上的高程 $z$（m） | | | | |
|---|---|---|---|---|---|
| | 0 | 1000 | 2000 | 3000 | 4000 |
| 0 | 9.780 | 9.777 | 9.774 | 9.771 | 9.768 |
| 10 | 9.782 | 9.779 | 9.776 | 9.773 | 9.770 |
| 20 | 9.786 | 9.783 | 9.780 | 9.777 | 9.774 |
| 30 | 9.793 | 9.790 | 9.787 | 9.784 | 9.781 |
| 40 | 9.802 | 9.799 | 9.796 | 9.792 | 9.789 |
| 50 | 9.811 | 9.808 | 9.804 | 9.801 | 9.798 |
| 60 | 9.819 | 9.816 | 9.813 | 9.810 | 9.807 |
| 70 | 9.826 | 9.823 | 9.820 | 9.817 | 9.814 |

5. 通过水温、压力值进行当地水密度 $D$ 精确校正

水密度与水温以及压力有直接关系，在不同水温和压力下，水密度的改变超过 0.5%，表 2-3 是 GB/T 20043—2005《水轮机、蓄能泵和水泵水轮机水力性能现场验收试验规程》中的参考表（部分）。

**表 2-3　　水密度与水温以及压力关系参考表**　　单位：$kg/m^3$

| 温度 $v$（℃） | 绝对压力（$10^5$Pa） | | | | | | | |
|---|---|---|---|---|---|---|---|---|
| | 1 | 10 | 20 | 30 | 40 | 50 | 60 | 70 |
| 0 | 999.8 | 1000.3 | 1000.8 | 1001.3 | 1001.8 | 1002.3 | 1002.8 | 1003.3 |
| 1 | 999.9 | 1000.4 | 1000.9 | 1001.4 | 1001.9 | 1002.4 | 1002.9 | 1003.4 |
| 2 | 1000.0 | 1000.4 | 1000.9 | 1001.4 | 1001.9 | 1002.4 | 1002.9 | 1003.4 |
| 3 | 1000.0 | 1000.4 | 1000.9 | 1001.4 | 1001.9 | 1002.4 | 1002.9 | 1003.4 |
| 4 | 1000.0 | 1000.4 | 1000.9 | 1001.4 | 1001.9 | 1002.4 | 1002.9 | 1003.4 |
| 5 | 999.9 | 1000.4 | 1000.9 | 1001.4 | 1001.9 | 1002.4 | 1002.8 | 1003.3 |

续表

| 温度 v（℃） | 绝对压力（$10^5$Pa） | | | | | | | |
|---|---|---|---|---|---|---|---|---|
| | 1 | 10 | 20 | 30 | 40 | 50 | 60 | 70 |
| 6 | 999.9 | 1000.4 | 1000.9 | 1001.4 | 1001.8 | 1002.3 | 1002.8 | 1003.3 |
| 7 | 999.9 | 1000.3 | 1000.8 | 1001.3 | 1001.8 | 1002.3 | 1002.7 | 1003.2 |
| 8 | 999.9 | 1000.3 | 1000.8 | 1001.2 | 1001.7 | 1002.2 | 1002.7 | 1003.2 |
| 9 | 999.8 | 1000.2 | 1000.7 | 1001.2 | 1001.6 | 1002.1 | 1002.6 | 1003.1 |
| 10 | 999.7 | 1000.1 | 1000.6 | 1001.1 | 1001.6 | 1002.0 | 1002.5 | 1003.0 |
| 11 | 999.6 | 1000.0 | 1000.5 | 1001.0 | 1001.4 | 1001.9 | 1002.4 | 1002.9 |
| 12 | 999.5 | 999.9 | 1000.4 | 1000.9 | 1000.3 | 1001.8 | 1002.3 | 1002.7 |
| 13 | 999.4 | 999.8 | 1000.3 | 1000.7 | 1000.2 | 1001.7 | 1002.1 | 1002.6 |
| 14 | 999.2 | 999.7 | 1000.1 | 1000.6 | 1000.1 | 1001.5 | 1002.0 | 1002.4 |
| 15 | 999.1 | 999.5 | 1000.0 | 1000.4 | 1000.9 | 1001.4 | 1002.8 | 1002.3 |
| 16 | 998.9 | 999.4 | 999.8 | 1000.3 | 1000.7 | 1001.2 | 1001.7 | 1002.1 |
| 17 | 998.8 | 999.2 | 999.6 | 1000.1 | 1000.6 | 1001.0 | 1001.5 | 1001.9 |
| 18 | 998.6 | 999.0 | 999.5 | 999.9 | 1000.4 | 1000.8 | 1001.3 | 1001.7 |
| 19 | 998.4 | 998.8 | 999.3 | 999.7 | 1000.2 | 1000.6 | 1001.1 | 1001.5 |
| 20 | 998.2 | 998.6 | 999.1 | 999.5 | 1000.0 | 1000.4 | 1000.9 | 1001.3 |
| 21 | 998.0 | 998.4 | 998.9 | 999.3 | 999.8 | 1000.2 | 1000.7 | 1001.1 |
| 22 | 997.8 | 998.2 | 998.6 | 999.1 | 999.5 | 1000.0 | 1000.4 | 1000.9 |
| 23 | 997.5 | 997.9 | 998.4 | 998.8 | 999.3 | 999.7 | 1000.2 | 1000.6 |
| 24 | 997.3 | 997.7 | 998.1 | 998.6 | 999.0 | 999.5 | 999.9 | 1000.4 |
| 25 | 997.0 | 997.4 | 997.9 | 998.3 | 998.8 | 999.2 | 999.7 | 1000.1 |
| 26 | 996.8 | 997.2 | 997.6 | 998.1 | 998.5 | 999.0 | 999.4 | 999.9 |
| 27 | 996.5 | 996.9 | 997.4 | 997.8 | 998.3 | 998.7 | 999.1 | 999.6 |
| 28 | 996.2 | 996.6 | 997.1 | 997.5 | 998.0 | 998.4 | 998.9 | 999.3 |
| 29 | 995.9 | 996.3 | 996.8 | 997.2 | 997.7 | 998.1 | 998.6 | 999.0 |
| 30 | 995.7 | 996.1 | 996.5 | 996.9 | 997.4 | 997.8 | 998.3 | 998.7 |
| 31 | 995.3 | 995.7 | 996.2 | 996.6 | 997.1 | 997.5 | 997.9 | 998.4 |
| 32 | 995.0 | 995.4 | 995.9 | 996.3 | 996.8 | 997.2 | 997.6 | 998.1 |
| 33 | 994.7 | 995.1 | 995.5 | 996.0 | 996.4 | 996.9 | 997.3 | 997.7 |
| 34 | 994.4 | 994.8 | 995.2 | 995.7 | 996.1 | 996.5 | 997.0 | 997.4 |
| 35 | 994.0 | 994.4 | 994.9 | 995.3 | 995.8 | 996.2 | 996.6 | 997.1 |
| 36 | 993.7 | 994.1 | 994.5 | 995.0 | 995.4 | 995.8 | 996.3 | 996.7 |
| 37 | 993.3 | 993.7 | 994.2 | 994.6 | 995.0 | 995.5 | 995.9 | 996.3 |
| 38 | 993.0 | 993.4 | 993.8 | 994.2 | 994.7 | 995.1 | 995.5 | 996.0 |
| 39 | 992.6 | 993.0 | 993.4 | 993.9 | 994.3 | 994.7 | 995.2 | 995.6 |
| 40 | 992.2 | 992.6 | 993.1 | 993.5 | 993.9 | 994.4 | 994.8 | 995.2 |

续表

| 温度 v（℃） | 绝对压力（$10^5$Pa） | | | | | | | |
|---|---|---|---|---|---|---|---|---|
| | 80 | 90 | 100 | 110 | 120 | 130 | 140 | 150 |
| 0 | 1003.8 | 1004.3 | 1004.8 | 1005.3 | 1005.8 | 1006.3 | 1006.8 | 1007.3 |
| 1 | 1003.9 | 1004.3 | 1004.8 | 1005.3 | 1005.8 | 1006.3 | 1006.8 | 1007.3 |
| 2 | 1003.9 | 1004.4 | 1004.8 | 1005.3 | 1005.8 | 1006.3 | 1006.8 | 1007.3 |
| 3 | 1003.9 | 1004.4 | 1004.8 | 1005.3 | 1005.8 | 1006.3 | 1006.8 | 1007.3 |
| 4 | 1003.8 | 1004.3 | 1004.8 | 1005.3 | 1005.8 | 1006.3 | 1006.7 | 1007.2 |
| 5 | 1003.8 | 1004.3 | 1004.8 | 1005.3 | 1005.7 | 1006.2 | 1006.7 | 1007.2 |
| 6 | 1003.8 | 1004.2 | 1004.7 | 1005.2 | 1005.7 | 1006.2 | 1006.6 | 1007.1 |
| 7 | 1003.7 | 1004.2 | 1004.7 | 1005.1 | 1005.6 | 1006.1 | 1006.5 | 1007.0 |
| 8 | 1003.6 | 1004.1 | 1004.6 | 1005.0 | 1005.5 | 1006.0 | 1006.5 | 1006.9 |
| 9 | 1003.5 | 1004.0 | 1004.5 | 1005.0 | 1005.4 | 1005.9 | 1006.4 | 1006.8 |
| 10 | 1003.4 | 1003.9 | 1004.4 | 1004.8 | 1005.3 | 1005.8 | 1006.2 | 1006.7 |
| 11 | 1003.3 | 1003.8 | 1004.3 | 1004.7 | 1005.2 | 1005.6 | 1006.1 | 1006.6 |
| 12 | 1003.2 | 1003.7 | 1004.1 | 1004.6 | 1005.0 | 1005.5 | 1006.0 | 1006.4 |
| 13 | 1003.1 | 1003.5 | 1004.0 | 1004.4 | 1004.9 | 1005.4 | 1005.8 | 1006.3 |
| 14 | 1002.9 | 1003.4 | 1003.8 | 1004.3 | 1004.7 | 1005.2 | 1005.7 | 1006.1 |
| 15 | 1002.7 | 1003.2 | 1003.7 | 1004.1 | 1004.6 | 1005.0 | 1005.5 | 1005.9 |
| 16 | 1002.6 | 1003.0 | 1003.5 | 1003.9 | 1004.4 | 1004.8 | 1005.3 | 1005.8 |
| 17 | 1002.4 | 1002.8 | 1003.3 | 1003.8 | 1004.2 | 1004.7 | 1005.1 | 1005.6 |
| 18 | 1002.2 | 1002.7 | 1003.1 | 1003.6 | 1004.0 | 1004.5 | 1004.9 | 1005.4 |
| 19 | 1002.0 | 1002.4 | 1002.9 | 1003.3 | 1003.8 | 1004.2 | 1004.7 | 1005.1 |
| 20 | 1001.8 | 1002.2 | 1002.7 | 1003.1 | 1003.6 | 1004.0 | 1004.5 | 1004.9 |
| 21 | 1001.6 | 1002.0 | 1002.5 | 1002.9 | 1003.3 | 1003.8 | 1004.2 | 1004.7 |
| 22 | 1001.3 | 1001.8 | 1002.2 | 1002.7 | 1003.1 | 1003.5 | 1004.0 | 1004.4 |
| 23 | 1001.1 | 1001.5 | 1002.0 | 1002.4 | 1002.9 | 1003.3 | 1003.7 | 1004.2 |
| 24 | 1000.8 | 1001.3 | 1001.7 | 1002.2 | 1002.6 | 1003.0 | 1003.5 | 1003.9 |
| 25 | 1000.6 | 1001.0 | 1001.5 | 1001.9 | 1002.3 | 1002.8 | 1003.2 | 1003.7 |
| 26 | 1000.3 | 1000.7 | 1001.2 | 1001.6 | 1002.1 | 1002.5 | 1002.9 | 1003.4 |
| 27 | 1000.0 | 1000.5 | 1001.9 | 1001.3 | 1001.8 | 1002.2 | 1002.7 | 1003.1 |
| 28 | 999.7 | 1000.2 | 1000.6 | 1001.1 | 1001.5 | 1001.9 | 1002.4 | 1002.8 |
| 29 | 999.4 | 999.9 | 1000.3 | 1000.8 | 1001.2 | 1001.6 | 1002.1 | 1002.5 |
| 30 | 999.1 | 999.6 | 1000.0 | 1000.4 | 1000.9 | 1001.3 | 1001.7 | 1002.2 |
| 31 | 998.8 | 999.3 | 999.7 | 1000.1 | 1000.6 | 1001.0 | 1001.4 | 1001.9 |
| 32 | 998.5 | 998.9 | 999.4 | 999.8 | 1000.2 | 1000.7 | 1001.1 | 1001.5 |

续表

| 温度 ν（℃） | 绝对压力（$10^5$Pa） | | | | | | | |
|---|---|---|---|---|---|---|---|---|
| | 80 | 90 | 100 | 110 | 120 | 130 | 140 | 150 |
| 33 | 998.2 | 998.6 | 999.0 | 999.5 | 999.9 | 1000.3 | 1000.8 | 1001.2 |
| 34 | 997.8 | 998.3 | 998.7 | 999.1 | 999.6 | 1000.0 | 1000.4 | 1000.9 |
| 35 | 997.5 | 997.9 | 998.4 | 998.8 | 999.2 | 999.7 | 1000.1 | 1000.5 |
| 36 | 997.1 | 997.6 | 998.0 | 998.4 | 998.9 | 999.3 | 999.7 | 1000.2 |
| 37 | 996.8 | 997.2 | 997.6 | 998.1 | 998.5 | 998.9 | 999.4 | 999.8 |
| 38 | 996.4 | 996.8 | 997.3 | 997.7 | 998.1 | 998.6 | 999.0 | 999.4 |
| 39 | 996.0 | 996.5 | 996.9 | 997.3 | 997.8 | 998.2 | 998.6 | 999.0 |
| 40 | 995.7 | 996.1 | 996.5 | 996.9 | 997.4 | 997.8 | 998.2 | 998.7 |

为了提高工作水头/机组效率测量精度，通过水温测量传感器来实现水温的测量，再结合水压测值，通过查表插值法获得准确的水密度数据。

6. 工作水头 $H$ 的测量

水轮发电机组工作水头测量需要获得蜗壳进口压力值 $P_1$、尾水管出口压力值 $P_2$ 以及机组流量 $Q_g$。其中，机组流量根据蜗壳差压数值计算获得，或者通过超声波测流系统采集获得。而蜗壳进口压力值 $P_1$ 则是通过采集安装在蜗壳进口处的压力传感器输出获得，尾水管出口压力值 $P_2$ 通过采集安装在尾水管出口处的压力传感器输出获得。

## 三、效率在线测量方法

与离线效率试验不同，效率的在线测量是无人干预的自动化测量过程，因此，其设计的测量方法应能在机组运行过程中稳定、高精度、有效、可靠地完成自动测量工作[21，22]。

一般来说，对于水轮发电机组而言，其运行工况复杂，启停频繁，调节频繁。在机组调节过程中，尤其是在导叶动作过程中，对机组流量测量影响很大，直接使用调节过程的数据，将会给测量数据带来很大的误差；另外，对于蜗壳差压法测量的机组，当机组运行在较小流量工况下，测压管道里的积累气体和流道里的脉动作用，使得蜗壳差压测量不稳定，数值跳动较大，如需获得稳定、准确的差压，在大多数条件下，需要在传感器前端加装合适的稳压桶，以去除管道里的气体积累和流道里的水流脉动影响，保证测量系统能测得较为准确的蜗壳差压测值。

从测量系统软件功能上来说，要求在线测量系统能够具备工况识别功能，以识别以下的过渡过程和调节过程：

（1）稳态运行工况。

（2）开停机过程。

（3）负荷调节过程。

（4）事故停机过程。

（5）其他非稳态过程。

对于效率在线测量系统来说，只有当机组运行在稳态运行工况时，测量出的机组流量和效率、耗水率等参数才是可信的。另外，在识别出机组稳态运行工况之后，再对测量数据进行平均，用上述参数的平均值计算机组流量、水头、机组效率、耗水率等指标。

1．稳态运行工况判定条件

稳定运行工况的判定需要用机组转速、发电机出口断路器、导叶开度、机组负荷等参数进行判定，具体判定方法如下：

（1）发电机出口断路器状态闭合，即 $M=1$，其中，$M$ 为发电机出口断路器状态。

（2）机组转速在额定转速允许误差范围内，即 $R_r-\Delta R \leqslant R \leqslant R_r+\Delta R$，其中，$R_r$ 为机组额定转速，$R$ 为实测机组转速，$\Delta R$ 为最大运行转速波动。

（3）在设定的持续一段时间内（通常为 2min）连续测量得到的导叶开度的标准差为：

$$\sigma_o=\sqrt{\frac{1}{N}\sum_{i=1}^{N}(O_i-\bar{O})^2} \tag{2-29}$$

其中，$O_i$ 为该段时间内某时刻的导叶开度测值；$\bar{O}$ 为该段时间内导叶开度测值的算术平均值，$\sigma_o<\Delta\sigma_o$，其中，$\Delta\sigma_o$ 为最大允许导叶开度波动值（比如 0.02）。

（4）在设定的持续一段时间内（通常为 2min）连续测量得到的机组有功功率的标准差为：

$$\sigma_p=\sqrt{\frac{1}{N}\sum_{i=1}^{N}(P_i-\bar{P})^2} \tag{2-30}$$

其中，$P_i$ 为该段时间内某时刻的有功功率测值；$\bar{P}$ 为该段时间内导叶开度测值的算术平均值，$\sigma_p<\Delta\sigma_p$，其中 $\Delta\sigma_p$ 为最大允许有功功率波动值（一般可以按照额定功率的 2%设定）。

当且仅当上述几个条件同时满足后，在线测量系统才认为机组的运行工况为稳定运行工况。

2．效率测量流程

详细的效率测量流程如图 2-3 所示。其中，流程说明如下：

（1）采集机组负荷、开度、转速、发电机出口断路器、超声波流量/蜗壳差压、水温、压力等数据，并将采集到的输入压入到足够长度的数据队列缓冲，该数据缓冲长度应能满足工况判断的持续时间和工况稳定后进行数据平均的持续时间长度。

（2）如果数据采集足够进行工况判断，那么根据“稳定运行工况判定条件”判断机组是否运行在稳定运行工况；如果不是，对缓冲数据滑移一条记录，继续执行步骤（1）。

（3）继续采集数据，并将数据压入缓冲。

（4）判断有效数据缓冲长度是否足够进行数据平均时间长度，如果不够，则继续执行步骤（3）。

（5）根据缓冲中数据求解平均水温、平均压力，并根据平均温度、压力查表求解精确的水密度，求平均有功功率、无功功率，并根据平均功率查表求解发电机效率。

（6）根据缓冲中数据求解其他平均压力、平均流量等，并根据步骤（5）获得的发电机效率、水密度求解机组效率、耗水率等指标，并进行存储、显示。

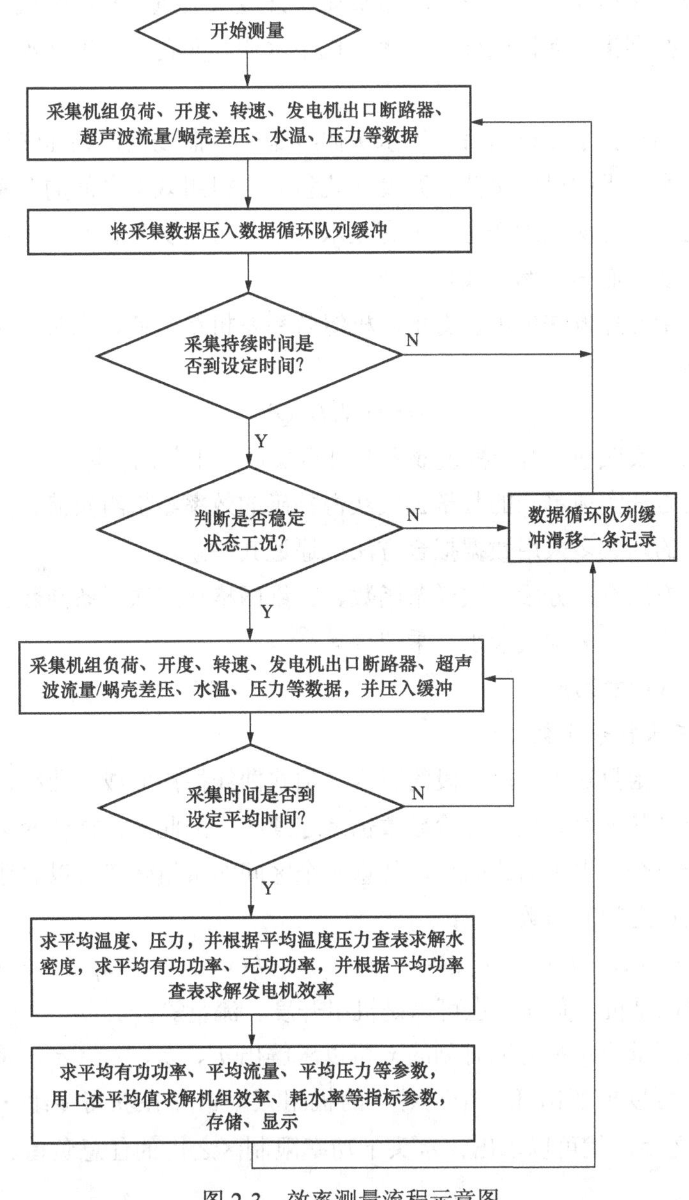


图 2-3 效率测量流程示意图

## 第三节　基于实时动态自校正的智能曲线拟合

对于指导水轮机最优运行而言，重要的是找到最优效率工况点，因此效率曲线拟合的目的是根据实际测量的数据，采用智能拟合方法找到机组等效率曲线、等水头曲线、等开度曲线。根据上述曲线，可以找到任何水头下的最优效率负荷、开度点，进而为实现最优有功功率控制提供依据。因此，曲线拟合要解决的是根据有限水头下的效率曲线，来求解任意允许运行水头下效率曲线的问题。

等水头曲线主要指同一水头下，机组负荷、开度（流量）与机组效率之间的关系曲线，而等效率曲线则指为保证同样的效率，机组水头与负荷、开度（流量）之间的关系曲线。

实际上对于同一台水轮机而言，等水头曲线是一个曲线簇，该曲线簇种的每一条曲线都代表了一个水头下的机组负荷、开度（流量）与机组效率之间的关系曲线。由这一族曲线，可以通过插值法找到任意一个有效水头下的机组负荷、开度（流量）与机组效率之间的关系曲线。而等效率曲线也类似。

从效率的测量计算方法中可以看出，机组效率是机组负荷、水头、流量的非线性函数，可以表示为：

$$\eta = f(N,H,Q) \tag{2-31}$$

在实际的工程实践中，由于机组效率与机组负荷、开度、流量是一个非线性的关系，因此，采用逼近方法实现单一的数学公式获得精确的效率与机组负荷、开度、流量之间的关系是不现实的，大多采用数据拟合方法去逼近其关系。

通常采用的方法有：分段三次样条函数、三维网格化三次样条函数、一般多项式最小二乘拟合、三维一般多项式最小二乘拟合等[23]。

### 一、基础曲线拟合方法

#### （一）分段三次样条函数

分段三次样条函数是由一段一段的三次多项式曲线拼接而成的曲线，在拼接点处函数是连续的，而且其一阶导数、二阶导数也是连续的，因此，该样条函数曲线具有良好的光滑性。对于一个等水头曲线而言，任意一个区间的机组效率可以表述为效率与机组负荷、开度、流量之间的函数关系：

$$\eta(x) = \eta_i(x) = a_i + b_i(x - x_i) + c_i(x - x_i)^2 + d_i(x - x_i)^3 \quad (x_i \leqslant x \leqslant x_{i+1}) \tag{2-32}$$

上式中 $x$ 可以是机组负荷，也可以是机组开度、流量等。

而根据实际测量的$\eta_i$和对应时刻的$x_i$可以求解出$a_i$、$b_i$、$c_i$、$d_i$，那么再根据$a_i$、$b_i$、$c_i$、$d_i$的值可以求解出任一个 $x$ 对应的机组效率。而在获得多组$a_i$、$b_i$、$c_i$、$d_i$（$i$=1，…，$n$）之后，就可以求出该水头下功率限制区之内的任意负荷、开度、流量下的机组效率了。

在积累多个水头下的效率曲线后，通过同样的样条拟合方法，可以求解任何有效水头下功率限制区之内的任意负荷、开度、流量下的机组效率。

（二）三维网格化三次样条函数

三维网格化三次样条函数是对二维分段的扩展，是将一条曲线上的一段一段的三次样条函数扩展为三维的曲面，表现为一个三维曲面的一分格一分格的三次多项式曲面拼接而成的曲面，在拼接点处函数是连续的，而且其一阶导数、二阶导数也是连续的，因此，该样条函数曲面具有良好的光滑性。

任意一个区间分格的机组效率可以表述为效率与机组水头、机组负荷、开度（流量）之间的函数关系：

$$\eta(x,y)=\eta_{ij}(x,y)=a_{xi}+b_{xi}(x-x_i)+c_{xi}(x-x_i)^2+d_{xi}(x-x_i)^3+a_{yj}+b_{yj}(y-y_j)$$
$$+c_{yj}(y-y_j)^2+d_{yj}(y-y_j)^3 \qquad (x_i\leqslant x\leqslant x_{i+1},y_j\leqslant y\leqslant y_{j+1}) \tag{2-33}$$

式中：$x$ 可以是机组负荷，也可以是机组开度、流量等，$y$ 对应机组水头。

而根据实际测量的 $\eta_{ij}$ 和对应时刻的 $x_i$、$y_i$ 可以求解出 $a_{xi}$、$b_{xi}$、$c_{xi}$、$d_{xi}$，$a_{yj}$、$b_{yj}$、$c_{yj}$、$d_{yj}$，那么再根据上述系数的值可以求解出任一个 $x$、$y$ 对应的机组效率。

（三）一般多项式最小二乘拟合

一般多项式最小二乘法拟合是水轮机系统中应用最多的数学方法，也是国际电工委员会推荐使用的方法。对于一个等水头曲线而言，该方法是由采集到的一组数据（$\eta_i$，$x_i$），$i$=1，…，$m$，求解如下的多项式：

$$\eta(x_i)=a_0+a_1x+a_2x^2+\cdots+a_nx^n \tag{2-34}$$

式中 $x$ 可以是机组负荷、机组开度、流量等。

最大可能满足 $\eta_i$，$x_i$ 之间的函数关系的（$n\ll m$）。其关键是求解 $a_0$、$a_1$、…、$a_n$。

令：

$$r(x_i)=\eta(x_i)-\eta_i(i=1,\cdots,m) \tag{2-35}$$

选取系数 $a_0$、$a_1$、…、$a_n$，使得：

$$E(a_0,a_1,\cdots,a_n)=\sum_{i=1}^{m}[r(x_i)]^2=\sum_{i=1}^{m}(a_0+a_1x_i+\cdots+a_nx_i-\eta_i)^2 \tag{2-36}$$

取得最小值来确定 $\eta(x)$，通过对式（2-36）求导并求解法方程，计算获得 $a_0$、$a_1$、…、$a_n$，在获得该组系数后就可以求解任意 $x$ 下的机组效率了。在积累多个水头下的效率曲线后，通过插值方法，可以求解任何有效水头下任意负荷、开度、流量下的机组效率。

（四）三维一般多项式最小二乘拟合

三维一般多项式最小二乘拟合是对二维一般多项式最小二乘拟合的扩展，其扩展方法类似于三维三次样条函数和二维三次样条函数的扩展方法。

在研究项目中，将机组效率看作工作水头、机组出力的四次多项式函数：

$$\xi=a_1x^2y^2+a_2x^2y+a_3x^2+a_4xy^2+a_5xy+a_6x+a_7y^2+a_8y+a_9 \tag{2-37}$$

式中 $x$——工作水头；

$y$——机组出力；

$\xi$——机组效率。

对于上述水头—出力—机组效率三维曲面的拟合模型，将已经测量获得的数据样本（$x$，$y$，$\xi$）输入模型，用最小二乘法控制误差，求得系数（$a_1$，$a_2$，$a_3$，$a_4$，$a_5$，$a_6$，$a_7$，$a_8$，$a_9$），从而可获得在任意一个出力、水头、工况点的机组效率。

除上述拟合方法之外，还有切比雪夫最小二乘拟合、Akima 插值法等，其拟合效果误差精度、计算量等具有不同的特点，本书不做展开描述。

（五）几种拟合方法的比较

从上述简要说明来看，方法一（分段三次样条函数）和方法二（三维网格化三次样条函数）具有算法简单的优点。但是这两种方法需要大量的数据，尤其是水头、负荷数据越多，计算精度越高，水头越少，分段或网格化越粗，计算精度也越低。

但是在实际的测量中，机组水头变化往往不是很丰富，那么在这种情况下，采用有限几个水头下的数据来外推其他任意水头下的数据将会带来巨大的误差。因此，方法一和方法二并不适合在线自动曲线拟合。

对于方法三（一般多项式最小二乘拟合）而言，其优点是对同一水头下的数据，该方法只需要少量的数据就可以获得误差小的任意负荷下的效率数据。当然，负荷越多，获得的拟合曲线误差越小，精度越高。但是，该方法依然存在对测量水头依赖过大的问题，因为不同水头之间只能采用线性差值，在实际测量水头数据较少的情况下会导致较大误差。

对于“三维一般多项式最小二乘拟合”方法而言，其优点是要求少量的机组负荷、水头下的数据就可以获得多项式系数（从理论上讲，该方法只需要 10 组有一定离散度的水头—负荷—效率数据），从而可获得在任意一个出力、水头、工况点的机组效率，数据越多，精度越高，误差越小。

因此，在工程应用中，选择“三维一般多项式最小二乘法”作为基础曲线拟合算法。

## 二、基于实时动态自校正的逐次迭代效率拟合

### （一）动态拟合中的几个问题

在实际的效率侧量和曲线拟合过程中，以下问题是不可避免并需要去解决的：

1. 工况重复点问题

对于大多数机组而言，其运行的工况点是有限的，也就是水头、负荷组合集是有限的，经过较长时间的持续测量后，积累的数据样本中会存在大量的相同或者接近的水头、负荷点。但是这些相同或者相近工况的效率测值由于各种原因而导致数据的不一致性，这些不一致来源于各种因素引起的测量误差和机组实际效率随着时间的变化（如转轮空蚀导致效率下降）。这就带来另外一个问题，如何从一个由水头、负荷、机组效率构成的一个时间序列中既能剔除误差噪声，又能反映出机组效率的真实变化。

2. 曲线拟合的误差控制问题

系统在初始运行时，由于实际采集样本并不多，因此参与拟合的真实样本数量并不

多，在较少样本的情况下，采用“三维一般多项式最小二乘拟合”方法虽然可以获得任意水头、任意负荷下的效率数据，但是不可避免地，这种在较少样本下拟合出来的曲线必然带有很大误差，如果长期采用这样的一组拟合曲线，将会给基于效率曲线的最优负荷分配算法带来较大误差，并不能切实达到提供水能利用率的目的。

必须实现基于实测样本，尽可能地利用实测的水头—负荷—效率数据的实现态—自动化的曲线拟合过程，以提高数据拟合的精度，减小误差。

（二）实时智能效率曲线拟合算法

提出一种基于实时动态自校正逐次迭代的效率曲线拟合算法，来解决上述存在的问题，实时动态自校正逐次迭代拟合算法流程图如图 2-4 所示。

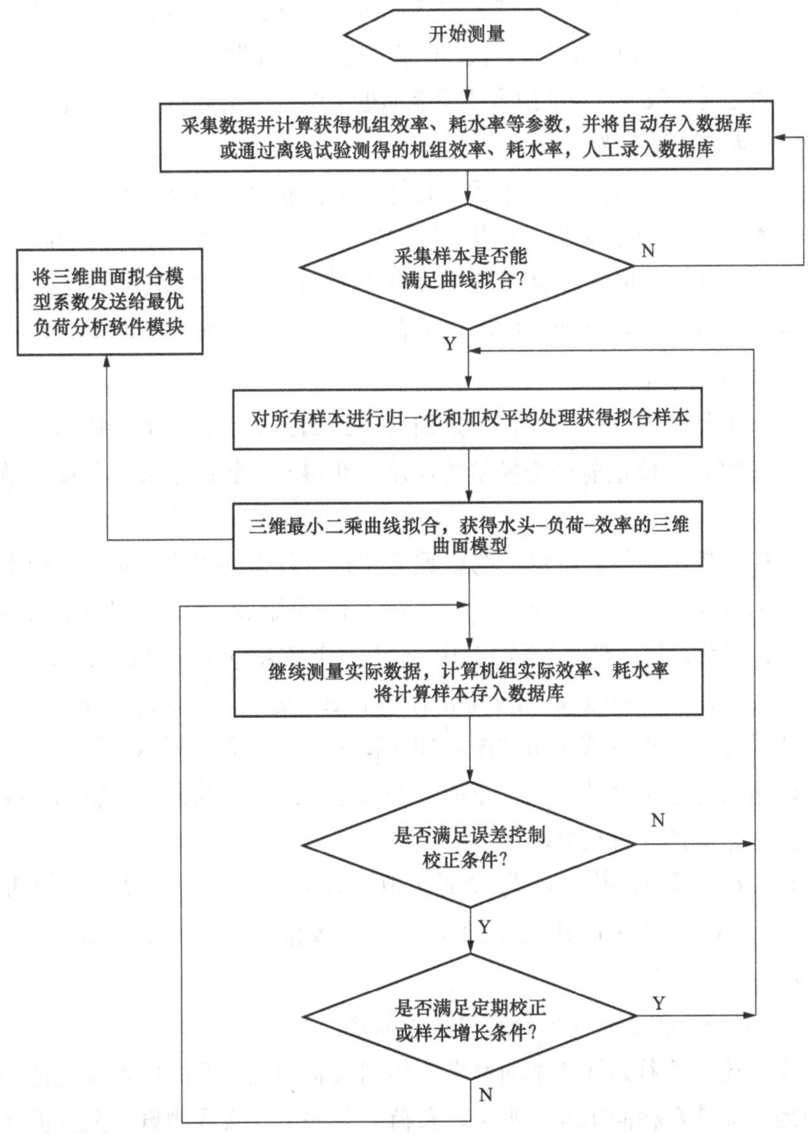


图 2-4　实时动态自校正逐次迭代拟合算法流程图

1. 自校正算法概述

自校正算法描述如下：

（1）在系统运行初期，采集数据并不是很充分，累计的水头—负荷—效率样本并非很多，但是在少量样本条件下（该样本既可以是在线自动系统自动测量也可以是通过离线试验获得的），可采用“三维一般多项式最小二乘拟合”求得一个近似的水头—负荷—效率之间的三维模型，虽然此时该模型有一定误差，但依然可借此模型进行最优负荷分配。

（2）当系统识别出拟合模型误差较大或者样本有一定积累增长或满足定时条件时，程序自动重新进行拟合计算以校正前一个模型的误差，获得一个新的更高精度的水头—负荷—效率之间的三维模型。

（3）通过多次动态校正算法经过多次迭代后，可获得一个较为精确的水头—负荷—效率三维模型。同时，周期性的拟合迭代，也能保证当机组的实际效率在发生迁移改变后的拟合模型也能随之迁移改变，保证拟合模型能逼近机组效率实际的水头—负荷—效率关系。

2. 模型的动态自校正条件

启动自动拟合模型校正（重新进行拟合计算）的条件有以下 3 个：

（1）样本数量增量校正条件。当累计样本增长一个数量时（比如为 500），重新进行拟合计算：记 $N_p$ 为前次拟合计算时的累计样本数量，$N_r$ 为当前总累计样本数量，当 $N_r - N_p \geqslant \Delta N$ 时，程序启动自动重新进行拟合计算，以校正前一个模型的误差，其中 $\Delta N$ 为设定的样本增量最小值。

（2）定时周期校正条件。当积累一定周期（比如为 1 个月）的新样本后，程序自动重新进行拟合计算，以校正前一个模型的误差，获得一个新的水头—负荷—效率之间的三维模型。

（3）误差控制校正条件。设定 $\xi_e$ 为根据前次拟合获得的水头—负荷—效率之间三维模型的系数（$a_1$，$a_2$，$a_3$，$a_4$，$a_5$，$a_6$，$a_7$，$a_8$，$a_9$）根据式（2-38）带入实测工作水头（$x$）、机组出力（$y$）计算获得估计机组效率。其中，$x$ 为工作水头，$y$ 为机组出力，$\xi$ 为机组效率。

$$\xi = a_1x^2y^2 + a_2x^2y + a_3x^2 + a_4xy^2 + a_5xy + a_6x + a_7y^2 + a_8y + a_9 \tag{2-38}$$

设定 $\xi_r$ 为实际测量得到的机组效率，如果 $|\xi_r - \xi_e| \geqslant 2E_e$，则识别为前次模型误差较大，程序自动重新进行拟合计算以校正前一个模型的误差，获得一个新的更高精度的水头—负荷—效率之间的三维模型。

而 $E_e=\min(E_i,\ E_p)$，其中，$E_p$ 为前次拟合计算时所有样本点与理想曲面之间的最大误差，$E_i$ 为可接受的估计机组效率与实测效率之间的允许误差，一般可设为 0.5%～1.0%。

3. 工况的归一化和效率样本的加权平均算法

正如前文所述，随着累计样本的增多，相同或者相近工况的样本数据也一定会越来越多，相应地，即使在相同工况（水头、负荷）条件下，实际测量的大量机组效率数据也有可能并不一样。究其原因，除了测量误差噪声之外，机组实际效率也发生了改变（如转轮空蚀导致效率下降），也是一个原因。

因此，在进行拟合计算时，需要对样本数据进行预处理，先获得一个既能滤除测量噪声，又能反映跟踪机组真实效率变化的样本数据，再利用这些预处理之后的数据进行拟合计算，具体如下：

（1）测试样本的水头、出力的归一化处理。定义 $x$ 为工作水头，$y$ 为机组出力，那么，遍历所有样本中所有同时满足：$x_l-\Delta x\leqslant x_i\leqslant x_l+\Delta x$ 和 $y_l-\Delta y\leqslant y_j\leqslant y_l+\Delta y$ 条件的 $x_i$ 值表示为 $x_l$，$y_j$ 值表示为 $y_j$，其中 $\Delta x$ 不大于 0.1m，$\Delta y$ 不大于机组额定负荷的 0.1%，由出力为 $x_l$、水头为 $y_l$ 的效率数据构成一个时间序列：$\xi_i(i=1,\cdots,n)$。

（2）归一化测试样本的加权平均出力。定义：

$$\xi_l=\frac{\sum_{i=1}^{n}W_i\times\xi_i}{\sum_{i=1}^{n}W_i}\quad(i=1,\cdots,n)\tag{2-39}$$

其中 $W_i$ 为不同时间的效率数据的权重函数，定义为：

$$W_i=\begin{cases}\dfrac{e^{(t_0-t_i)/m}}{10000}\\0\quad 当\dfrac{e^{(t_0-t_i)/m}}{10000}\geqslant 1.0\end{cases}\tag{2-40}$$

其中，$t_0-t_i$ 为当日时间与第 $i$ 个效率样本对应的时间之间的时间差，用日表示，而 $m$ 则可用于控制历史上同工况效率数据对 $\xi_l$ 的贡献，比如当 $m$=4 时，意味着 40 天前的效率样本数据对 $\xi_l$ 的贡献接近于 0，$m$ 越大，历史数据的贡献随时间衰减越减少。对该权重的最大值为 1.0，最小值为 0.0，权重为 0 表示该数据不参与计算，对最终值无任何贡献。

如图 2-9 所示为实时动态自校正逐次迭代拟合算法流程图。

设 $m$=4 时不同时间历史数据样本的权重值及其变化曲线分别如表 2-4 和图 2-5 所示。

**表 2-4　　设 $m$=4 时不同时间历史数据样本的权重值**

| $t_0-t_i$ | $W_i$ | $t_0-t_i$ | $W_i$ |
|---|---|---|---|
| 1 | 0.999872 | 31 | 0.767843 |
| 2 | 0.999835 | 32 | 0.701904 |
| 4 | 0.999728 | 33 | 0.617237 |
| 10 | 0.998782 | 34 | 0.508523 |
| 20 | 0.985159 | 35 | 0.368931 |
| 25 | 0.948199 | 36 | 0.189692 |
| 28 | 0.890337 | 37 | 0 |
| 30 | 0.819196 | 38 | 0 |

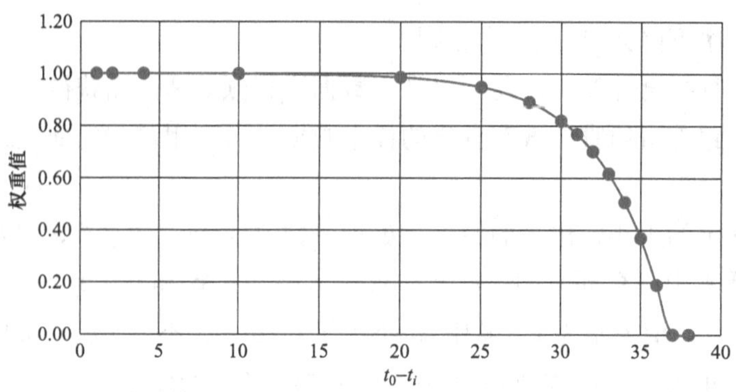


图 2-5　设 $m$=4 时在不同 $t_0-t_i$ 下的权重值变化曲线

从各曲线来看，当 $m$=4 时，30 天前的样本数据权重已经开始减小，而 37 天前的测量样本的权重已经为 0。从权重函数定义来看，越新的效率数据对于 $\xi_l$ 的贡献越大，越老的数据对 $\xi_l$ 的贡献越小。因此，选择不同的 $m$ 值可以有效地控制历史样本对真正对曲线拟合的 $\xi_l$ 的贡献大小，$m$ 越大，对测量误差噪声处理效果越好，模型也越稳定，但 $\xi_l$ 对机组真实效率的变化越不敏感，当机组真实效率发生改变时，在拟合模型中并不能快速地反映出来，反之 $m$ 越小，模型的动态性能越好，$\xi_l$ 对机组真实效率的变化越敏感，当机组真实效率发生改变时，在拟合模型中并能较快地反映出来，但相较而言，对于测量噪声，并不如较大的 $m$ 好。

合理地选择 $m$ 需要从拟合模型动态性和测量误差噪声两个方面去综合考虑，选择 $m$=6。

在拟合计算中，将进行加权处理后获得的$\{x_l,\ y_l,\ \xi_l\}$进行拟合计算，获得水头—负荷—效率之间的三维关系。

采用加权处理方法之后，当机组的真实效率由于空蚀导致效率降低时，系统能够动态、真实地进行跟踪拟合，从而可以减小估计效率和真实效率之间的误差。

而利用最近测量数据进行平均处理，则可以减小由于测量带来的误差噪声。

## 第四节　效率离线采集分析

### 一、系统概述

针对水力机组的运行特性进行了定制化的功能设计，主要体现在如下方面：

（1）集现场试验、在线监测、智能分析诊断、数据管理和长期存储多种功能于一身，在可以出色完成水力机组稳定性试验的基础上，致力于机组的长期安全运行和数据对比，持续跟踪机组健康状况。

（2）独创的智能分析评价报告系统：智能诊断分析系统以内建的故障数学模型为基础，自动检查机组运行健康状况，并挖掘问题数据，排查相关部件故障原因，定期使用智能诊断分析系统制作机组诊断分析报告，还可以将机组问题消除在萌芽阶段，避免恶性事故发生。智能诊断报告是针对大多试验设备使用者分析基础薄弱而设计的一套自动诊断分析系统，目的是将复杂的故障模型、数据分析算法和一般化的现场经验融合于软件设计，针对用户的界面只是对话式的计算机操作。这项技术结合现场试验模板，可以为机组制作自动试验报告，极大地减轻试验设备使用者的负担。

（3）全面的数据分析工具：本系统具备大多常用于数据分析的工具，较为全面的分析工具对于一般机组检修人员显得较为复杂，通常面向行业专家或有一定数据分析基础、现场经验丰富的检修调试人员。

（4）系统软件具有可开发功能：水力机组试验是一个大型综合项目，将所有试验归纳汇总到一套试验系统将是一个庞大工程，需要多个专业方向的技术人员结合软件开发设计才能实现。本系统是一个开放系统，可在实践中逐渐补充新的内容。试验报告“傻瓜化”：使用本装置的操作者不必具备数据分析专业知识，只需简单操作计算机，大量的图表、曲线和数据也不必手动绘制，系统在试验完成后直接出具带有结论的试验报告，将复杂的数据分析诊断技术和水机试验专业知识转化为计算机过程，极大地降低操作人员的专业能力要求，具备普及使用的基础条件。

## 二、硬件说明

### （一）硬件系统技术特点

机组综合试验系统对有如下特点：

（1）数据采集系统具有更高的集成度。数据采集系统在一套便携式设备内包含传感器电源、模拟量隔离通道以及易拔插、更通用的输入/输出端子结构。

（2）软件分析终端通用化。采用手提电脑和采集仪直接网络连接方式组网，诊断分析软件数据文件可拷贝保存，可多机共享数据，扩展了分析终端的普及范围，使用更灵活。在线监测和离线监测数据无缝融合，机组具备在线监测系统情况下，免去安装传感器和布线的繁重工作，直接获取数据文件即可，极大减轻试验人员的现场工作。

（3）注重便携和可靠。高度集成的数据采集装置抛弃了独立的电源系统，减轻了设备携带负担，同时采集系统全部采用低功耗、无风扇、无硬盘以及高采集精度设计，具备极高可靠性。在集成传感器线性电源的情况下，整体重量小于6kg。

### （二）智能数据采集仪

为适应多种现场条件，综合试验测试系统配备高集成度便携式智能采集器，装置采用嵌入式低功耗单板设计，更加强化了设备的牢固性和稳定性，提高了数据采样速度和AD转换精度，更适合离线测试的应用。采集仪包含传感器直流电源模块，包含±24V DC、±12V DC线性电源输出，无需单独配置电源接口箱，达到真正便捷式试验的目的。如图2-6所示为DMS101/102智能数据采集仪，其设

图2-6 DMS101/102智能数据采集仪

备指标如表 2-5 所示。

**表 2-5　　DMS101/102 智能数据采集仪设备指标**

| | | |
|---|---|---|
| 型号 | DMS101/102 | |
| CPU | DM&P 1GHz，低功耗 | |
| 内存 | 512MB | |
| 记录容量 | 2GB 电子盘 | |
| 模拟量通道 | DMS102 标准 40 路 | |
| 模拟量输入通道信号 | 电压信号 | –5V～+5V，–10V～+10V，–20V～+20V |
| | 电流信号 | 0～20mA，4～20mA，–20mA～20mA |
| 开关量输入通道 | 2 路 | |
| 转速、键相通道 | 2 路 | |
| 采样方式 | 全通道同步采样整周期采样 | |
| 采样频率 | 20～500kHz 可配置 | |
| 采样形式 | 等相位采样和等时间间隔采样，支持连续无间断采样 | |
| AD 转换精度 | 16Bit | |
| 抗混叠滤波器 | 16 阶线性相位滤波器 | |
| 有效分析频率 | 振动、摆度、压力脉动等信号 | 1kHz |
| | 空气间隙、磁通量等信号 | 2kHz |
| 存储方式 | $\Delta t$、ΔRPM、工况变化、报警状态变化等联合控制存储模式 | |
| 网络接口 | 双 10/100MHz 以太网，TCP/IP | |
| 其他通信接口 | RS232/RS485/RS422，USB 2.0 | |
| 通信规约 | Modbus 等 | |
| 波特率 | 最高 115200bps | |
| 外设接口 | 鼠标、键盘+显示器 | |
| 电源输出 | 工业级线性电源模块，提供+24V DC、–24V DC、+12V DC、–12V DC，满足各种传感器供电需求 | |
| 工作电源 | 220V AC±10%，50Hz±10% | |
| 功率 | 最大 150W | |

### 三、软件功能说明

（一）数据采集功能

数据采集功能是能实时采集、计算并显示下列参数功能：

（1）实时有功功率、无功功率、发电机转速等。

（2）现地实时流量、机组效率、耗水率、水位、各处压力、差压等。

（3）各处温度。

（4）机组各处振动、摆度、气隙、磁通量等。

（二）现场试验功能

1. 试验模块适用范围

（1）混流式机组。

（2）轴流式机组。

（3）水泵水轮机组。

（4）灯泡贯流式机组。

（5）冲击式机组。

综合试验测试软件系统为现场试验提供了试验模块功能，作为水电机组试验平台。在本模块中，用户可以按照试验的目的和过程，人为干预系统的采样方式、存储策略、参数配置等，使用非常方便和灵活，试验结束就可自动获得试验分析报告。

2. 功能特点

（1）支持多电站、多机组试验，不同电站机组信息一次性生成，可长期使用。

（2）支持各类试验，系统内置大多常见试验模板，用户只需选定试验类型进行数据采集，简化用户试验操作。

（3）融合水力机组常规试验通用大纲，具备试验引导模式，对用户进行试验步骤指引，从试验条件提示、测点选布、试验参数配置到工况选择和试验数据采样，用户可以在“傻瓜”模式下完成整套试验过程。

（4）试验完成系统自动生成试验报告，报告支持转换为 Word 文档，可以整理打印组合试验报告。

（5）试验报告具备机组试验分析诊断结论，默认试验报告格式不可改变结论，以确保试验数据的原始和真实，但转换为 Word 格式后支持用户对试验结论和数据进行误差处理和添加经验评定意见。

3. 主要的试验内容

（1）相对效率试验。

（2）稳定性试验。

（3）启动试验、变速试验、空转试验、变励磁试验、空载试验、变负荷试验、停机试验。

（4）过速试验。

（5）空载扰动试验。

（6）发电机升流试验。

（7）发电机升压试验。

（8）盘车试验。

（9）动平衡试验。

（10）甩负荷试验。

（11）导叶漏水量试验。

以上试验项目全部具备试验模板，并自动生成试验报告，如图 2-7 所示。

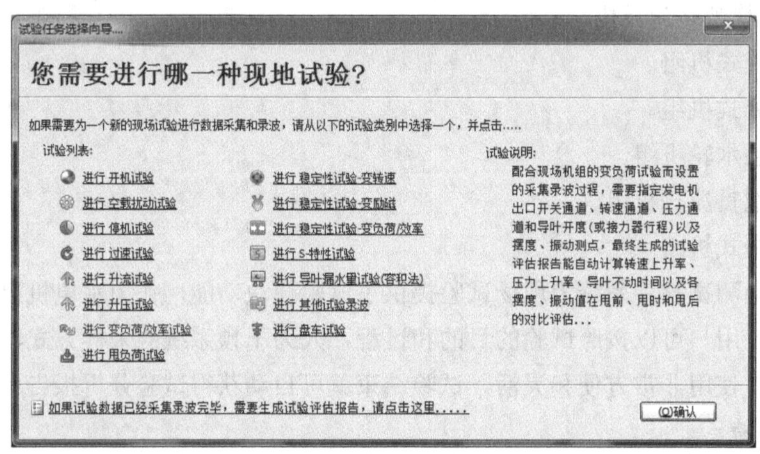


图 2-7　试验任务向导界面示意图

## （三）数据存储和数据管理功能

### 1. 数据存储策略

综合试验测试软件系统从故障诊断和状态分析的应用出发，设计出一套能够满足在线监测和现场试验的存储策略，实现有效状态信息的自动记录和手动录波，包括开停机过程、稳态过程、工况波动过程、故障数据以及试验数据。

（1）现场试验数据，包括效率试验、变负荷试验、变转速试验、变励磁试验、甩负荷试验以及其他稳定性试验，手动进行开始和结束，所有数据高速连续存储（连续存储，分辨率 1ms）。

（2）在线监测实时数据，存储机组当前运行的状态数据。

（3）在线监测稳态数据，负荷、开度稳定后记录，等时间间隔和报警触发、功率变化等多种存储策略。等时存储时间间隔默认为 20min（可调）。

（4）在线监测暂态数据，高密度存储机组开停机、变负荷、变励磁、甩负荷过程、事故停机过程的数据（连续存储，分辨率 2ms）。

（5）异常特征数据，保存机组发生报警时刻的全部波形数据和全部特征数据。

（6）事故追忆数据，以高密度保存全部原始波形和特征参量（连续存储，分辨率 1ms）。

（7）存储和实时显示报警事件，按条目累积可查询。

2. 存储体系设计

（1）自动记录的数据统一存储到专用笔记本上。针对不同的数据，分别采用不同的数据存储技术实现。

（2）所有的数据都采用高效无损压缩技术进行存储，在读取时，可以自动地高保真快速地还原。

（3）所有试验数据以数据文件的形式出现，自动命名，按不同电站和试验时间自动划分存储文件夹。

3. 数据导出功能

（1）所有试验数据文件，可实现移动硬盘导出，多种备份方式可选。

（2）所有试验数据可以通过离线分析软件可选择导出到 Excel 表格或者文本文件中。

（四）数据分析功能

综合试验系统提供数据分析功能，可以将已经存储的试验历史数据，经过特定的算法加工，以曲线、图形、表格、文字的形式提供给分析人员，以帮助用户分析机组的运行状况以及发现故障。综合试验测试的离线分析软件系统针对水力机组运行特点，详细区分过渡过程和稳态过程，分别设计了不同的分析工具。稳态工况分析工具主要用来评价机组在稳态运行时的状态；过渡工况分析工具主要用来对机组试验数据、开停机过程、变负荷过程、变励磁过程、甩负荷过程记录数据的分析。如表 2-6 所示为系统具备的分析工具。

**表 2-6　　系统具备的分析工具**

| | |
|---|---|
| 时域信号图 | 功率谱图 |
| 阶次比分析图 | 相位分析图 |
| 轴心轨迹图 | 多轴心轨迹图 |
| 空间轴线图 | 时间趋势分析图 |
| 多工况相关趋势分析 | 多工况轨迹对比分析图 |
| 瀑布图 | 全工况瀑布图 |
| 级联图 | 波德图分析 |
| 极坐标图分析 | 过渡过程波形回放 |

（五）现场离线试验的自动化分析评价报告功能

以内建的试验分析评价的数学模型为基础，自动检查机组运行健康状况，并挖掘问题数据，排查相关部件故障原因，定期使用智能诊断分析系统制作机组诊断分析报告，还可以将机组问题消除在萌芽阶段，避免恶性事故发生。

系统生成的某水电站 4 号机组相对效率试验分析报告如图 2-8 所示。

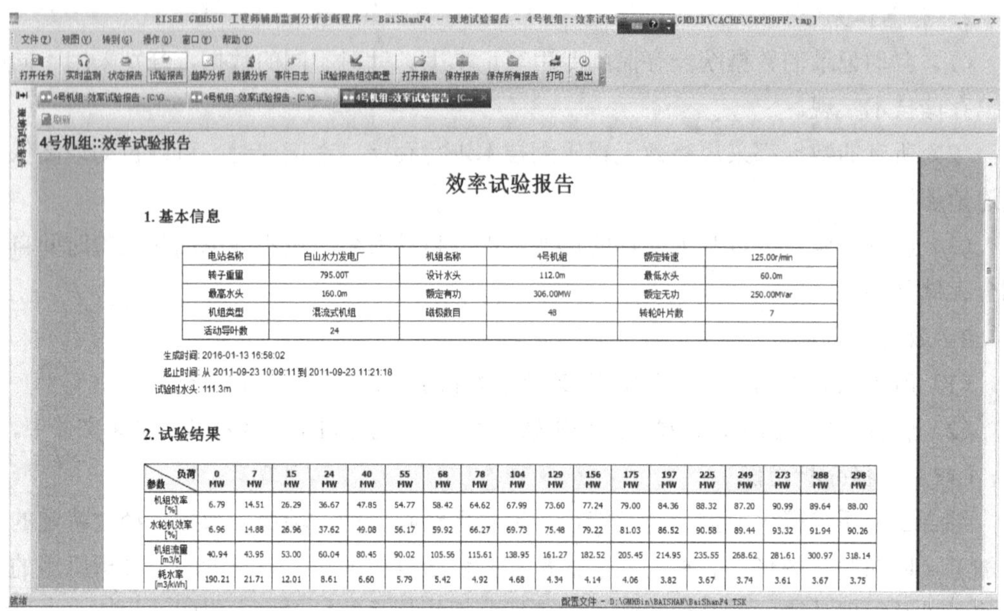

4号机组::效率试验报告

效率试验报告

1. 基本信息

| 电站名称 | 白山水力发电厂 | 机组名称 | 4号机组 | 额定转速 | 125.00r/min |
|---|---|---|---|---|---|
| 转子重量 | 795.00T | 设计水头 | 112.0m | 最低水头 | 60.0m |
| 最高水头 | 160.0m | 额定有功 | 306.00MW | 额定无功 | 250.00MVar |
| 机组类型 | 混流式机组 | 磁极数目 | 48 | 转轮叶片数 | 7 |
| 活动导叶数 | 24 | | | | |

生成时间: 2016-01-13 16:58:02

起止时间: 从 2011-09-23 10:09:11 到 2011-09-23 11:21:18

试验时水头: 111.3m

2. 试验结果

| 参数＼负荷 | 0 MW | 7 MW | 15 MW | 24 MW | 40 MW | 55 MW | 68 MW | 78 MW | 104 MW | 129 MW | 156 MW | 175 MW | 197 MW | 225 MW | 249 MW | 273 MW | 288 MW | 298 MW |
|---|---|---|---|---|---|---|---|---|---|---|---|---|---|---|---|---|---|---|
| 机组效率[%] | 6.79 | 14.51 | 26.29 | 36.67 | 47.85 | 54.77 | 58.42 | 64.62 | 67.99 | 73.60 | 77.24 | 79.00 | 84.36 | 88.32 | 87.20 | 90.99 | 89.64 | 88.00 |
| 水轮机效率[%] | 6.96 | 14.88 | 26.96 | 37.62 | 49.08 | 56.17 | 59.92 | 66.27 | 69.73 | 75.48 | 79.22 | 81.03 | 86.52 | 90.58 | 89.44 | 93.32 | 91.94 | 90.26 |
| 机组流量[m3/s] | 40.94 | 43.95 | 53.00 | 60.04 | 80.45 | 90.02 | 105.56 | 115.61 | 138.95 | 161.27 | 182.52 | 205.45 | 214.95 | 235.55 | 268.62 | 281.61 | 300.97 | 318.14 |
| 耗水率[m3/kWh] | 190.21 | 21.71 | 12.01 | 8.61 | 6.60 | 5.79 | 5.42 | 4.92 | 4.68 | 4.34 | 4.14 | 4.06 | 3.82 | 3.67 | 3.74 | 3.61 | 3.67 | 3.75 |

（a）

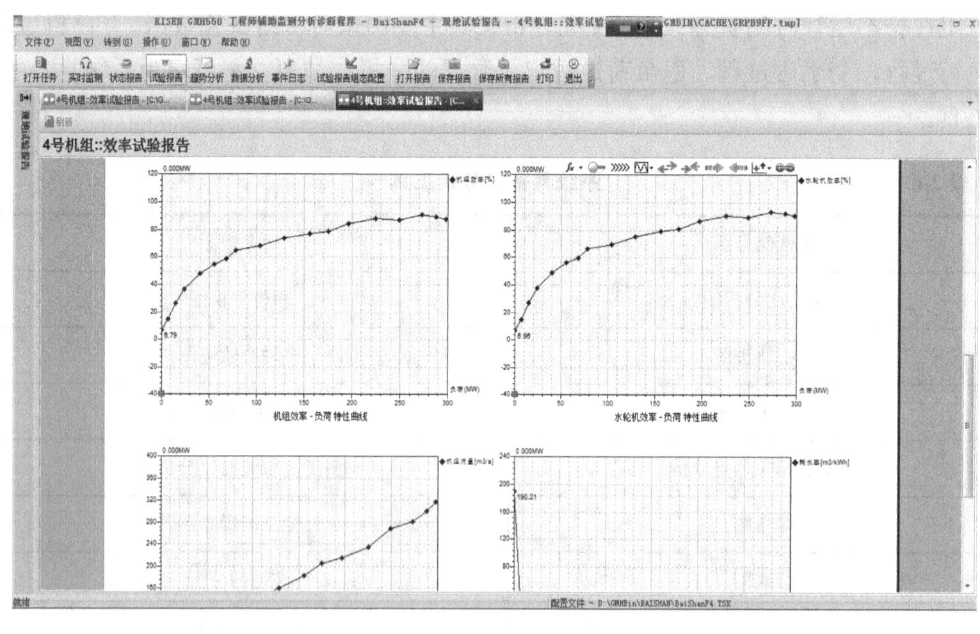


（b）

图 2-8　某水电站 4 号机组相对效率试验分析报告

（a）相对效率分析；（b）相对效率/流量/耗水率与机组负荷之间的相关特性曲线

系统生成的某水电站 2 号机组的稳定性—变负荷试验分析报告如图 2-9 所示。

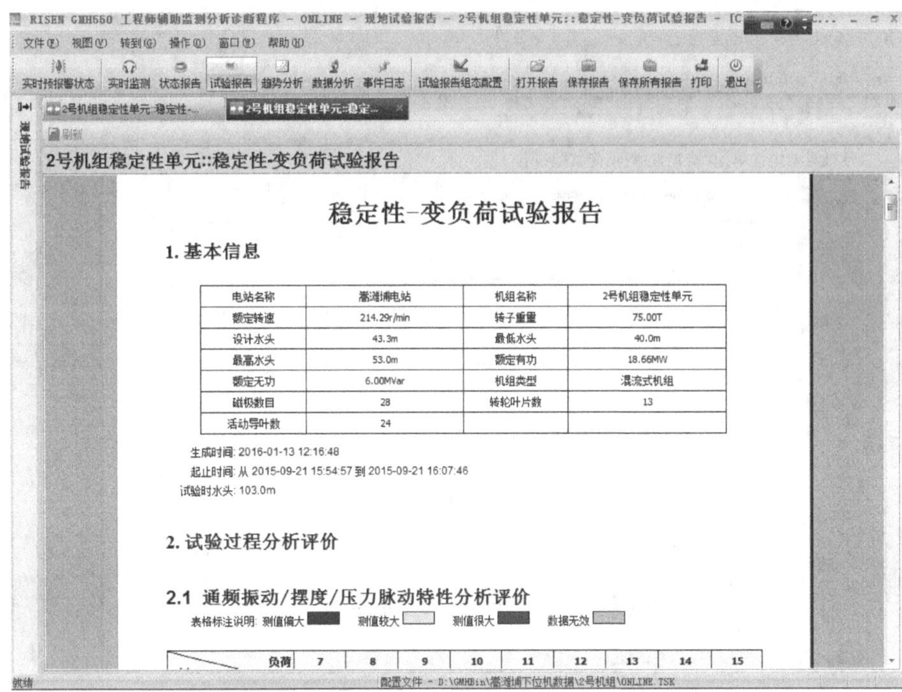
2号机组稳定性单元::稳定性-变负荷试验报告

稳定性-变负荷试验报告

1. 基本信息

| 电站名称 | 蒿滩埔电站 | 机组名称 | 2号机组稳定性单元 |
|---|---|---|---|
| 额定转速 | 214.29r/min | 转子重量 | 75.00T |
| 设计水头 | 43.3m | 最低水头 | 40.0m |
| 最高水头 | 53.0m | 额定有功 | 18.66MW |
| 额定无功 | 6.00MVar | 机组类型 | 混流式机组 |
| 磁极数目 | 28 | 转轮叶片数 | 13 |
| 活动导叶数 | 24 | | |

生成时间: 2016-01-13 12:16:48

起止时间: 从 2015-09-21 15:54:57 到 2015-09-21 16:07:46

试验时水头: 103.0m

2. 试验过程分析评价

2.1 通频振动/摆度/压力脉动特性分析评价

表格标注说明: 测值偏大 测值较大 测值很大 数据无效

(a)

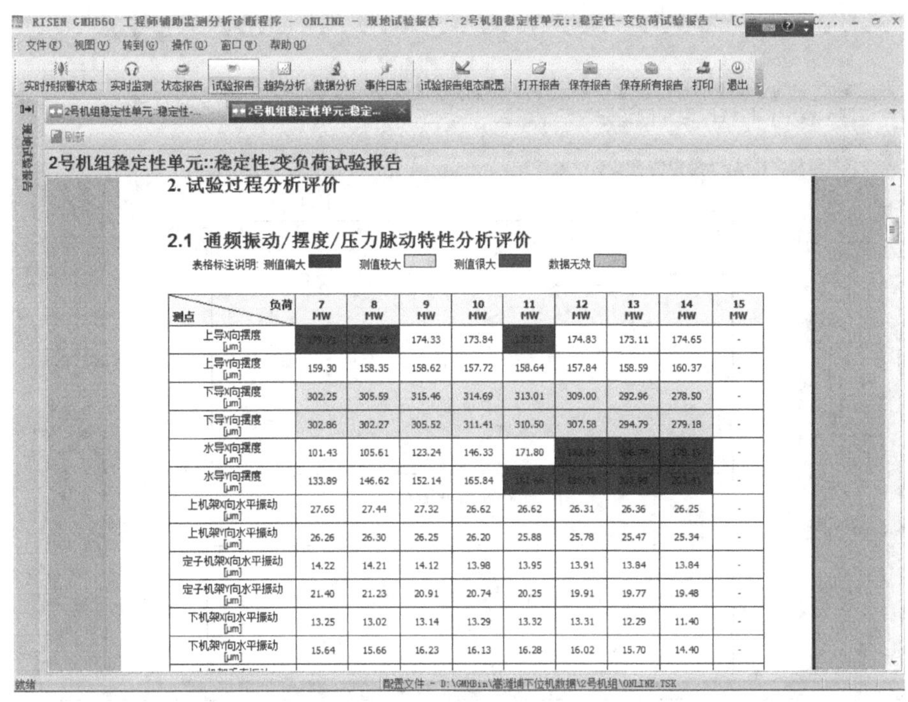
2号机组稳定性单元::稳定性-变负荷试验报告

2. 试验过程分析评价

2.1 通频振动/摆度/压力脉动特性分析评价

表格标注说明: 测值偏大 测值较大 测值很大 数据无效

| 测点 \ 负荷 | 7 MW | 8 MW | 9 MW | 10 MW | 11 MW | 12 MW | 13 MW | 14 MW | 15 MW |
|---|---|---|---|---|---|---|---|---|---|
| 上导X向摆度 [μm] | [illegible] | [illegible] | 174.33 | 173.84 | [illegible] | 174.83 | 173.11 | 174.65 | - |
| 上导Y向摆度 [μm] | 159.30 | 158.35 | 158.62 | 157.72 | 158.64 | 157.84 | 158.59 | 160.37 | - |
| 下导X向摆度 [μm] | 302.25 | 305.59 | 315.46 | 314.69 | 313.01 | 309.00 | 292.96 | 278.50 | - |
| 下导Y向摆度 [μm] | 302.86 | 302.27 | 305.52 | 311.41 | 310.50 | 307.58 | 294.79 | 279.18 | - |
| 水导X向摆度 [μm] | 101.43 | 105.61 | 123.24 | 146.33 | 171.80 | [illegible] | [illegible] | [illegible] | - |
| 水导Y向摆度 [μm] | 133.89 | 146.62 | 152.14 | 165.84 | [illegible] | [illegible] | [illegible] | [illegible] | - |
| 上机架X向水平振动 [μm] | 27.65 | 27.44 | 27.32 | 26.62 | 26.62 | 26.31 | 26.36 | 26.25 | - |
| 上机架Y向水平振动 [μm] | 26.26 | 26.30 | 26.25 | 26.20 | 25.88 | 25.78 | 25.47 | 25.34 | - |
| 定子机架X向水平振动 [μm] | 14.22 | 14.21 | 14.12 | 13.98 | 13.95 | 13.91 | 13.84 | 13.84 | - |
| 定子机架Y向水平振动 [μm] | 21.40 | 21.23 | 20.91 | 20.74 | 20.25 | 19.91 | 19.77 | 19.48 | - |
| 下机架X向水平振动 [μm] | 13.25 | 13.02 | 13.14 | 13.29 | 13.32 | 13.31 | 12.29 | 11.40 | - |
| 下机架Y向水平振动 [μm] | 15.64 | 15.66 | 16.23 | 16.13 | 16.28 | 16.02 | 15.70 | 14.40 | - |

(b)

图 2-9 某水电站 2 号机组的稳定性—变负荷试验分析报告（一）

（a）稳定性—变负荷试验报告；（b）不同负荷下振动、摆度、压力脉动统计评价

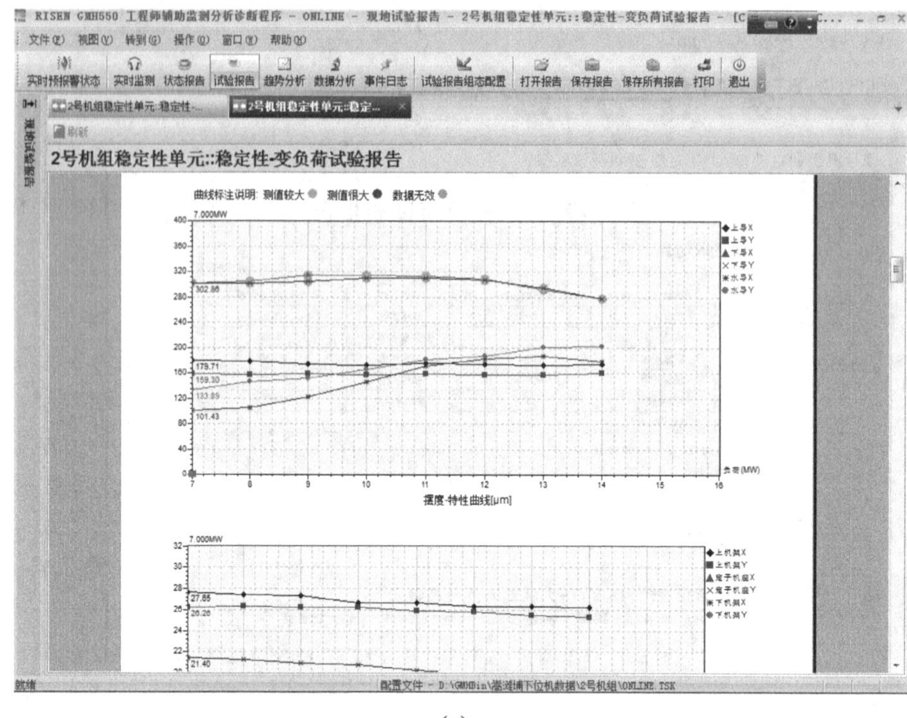

(c)

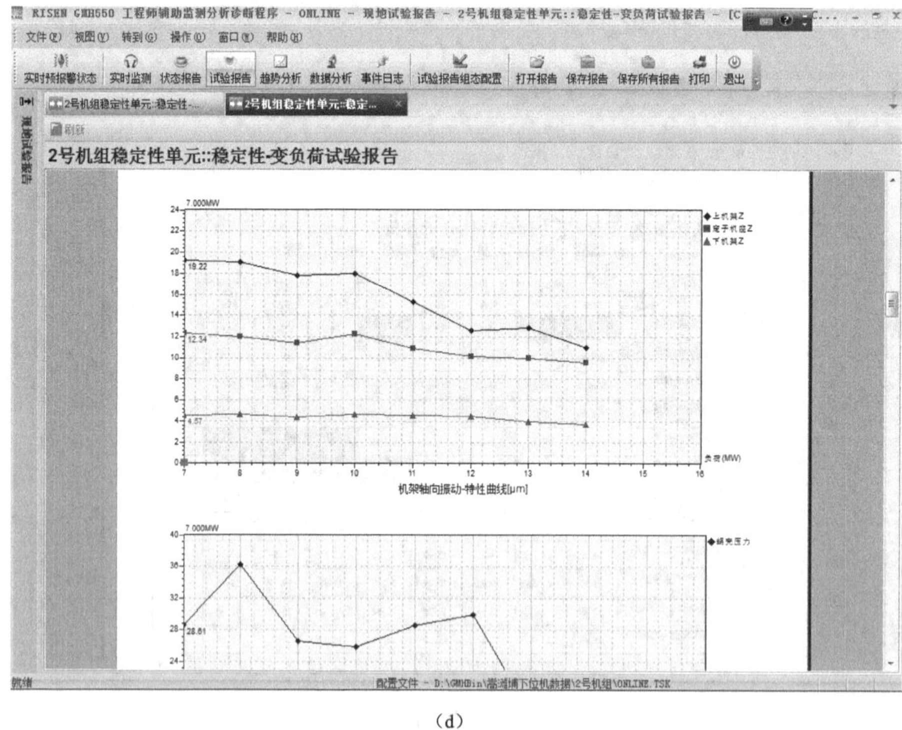

(d)

图 2-9　某水电站 2 号机组的稳定性—变负荷试验分析报告（二）

（c）摆度—负荷相关特性曲线；（d）垂直振动—负荷相关特性曲线

# 第三章

# 小水电负荷优化分配技术

## 第一节　常用负荷优化分配算法

为了确定水电站最佳运行台数和组合、机组间经济分配负荷，近年来，国内外出现了不少水电站自动发电控制的数学模型和算法，几种常见的算法如下：

（1）水轮机组合效率曲线交点法。

（2）功率反馈法。

（3）等负荷分配和比例分配法。

（4）等微增率法。

（5）动态规划法。

（6）开停机指标数法。

（7）拉格朗日算子法。

### 一、水轮机组合效率曲线交点法

#### （一）机组组合效率曲线及理论开停机曲线

当水电站装设相同机组时，即可采用水轮机组合效率曲线交点法求出最佳运行机组数。如图 3-1 所示给出水轮机效率综合曲线。

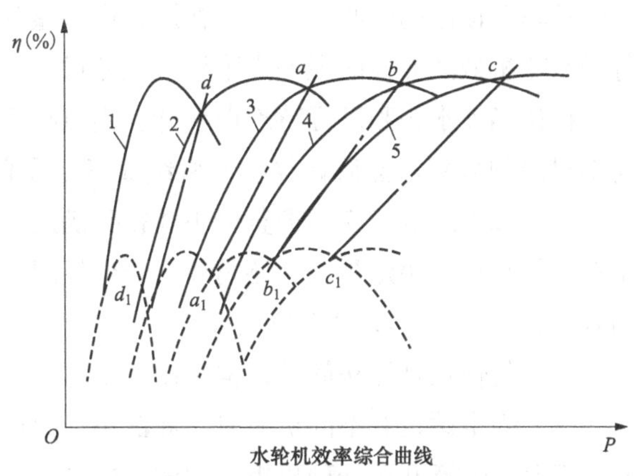

图 3-1　水轮机效率综合曲线

根据制造厂提供的水轮机模型特性曲线或通过实测，可求出各种水头下不同运行机组数时的效率曲线 $\eta=f(P, H, n)$，又称水轮机组合效率曲线。

（1）图 3-1 中曲线上方的数字 1、2、3、4、5 表示运行机组台数。

（2）上部曲线对应高水头，下部曲线对应低水头。

（3）同一水头的不同运行机组数效率曲线有一系列的交点，如 2 台机组与 3 台机组效率在高水头时的交点为 $a$，在低水头时的交点为 $a_1$；3 台机组与 4 台机组效率曲线的交点相应地为 $b$ 和 $b_1$。将不同水头下 2 台机组和 3 台机组效率曲线交点连接起来，同样地把不同水头下 3 台机组和 4 台机组效率曲线交点连接起来，依次类推，就可得到不同水头下的所谓理论开停机特性曲线（$dd_1$，$aa_1$，$bb_1$，$cc_1$ 等）。

由图 3-1 可知，对于某一高水头而言：

（1）当电站功率小于 $a$ 点功率而大于 $d$ 点功率时，2 台机组运行的效率高于 3 台机组运行的效率，应该开 2 台机。

（2）当电站功率大于 $a$ 点功率而小于 $b$ 点功率时应该开 3 台机组，依次类推。

对于其他任何水头下的分析类似。可见，对于某一水头而言，如果电站功率介于某两条理论开停机曲线之间，则可确定开停机的台数。

（二）实际开停机曲线

（1）理论开停机特性曲线需结合限制条件作一些修正，如水轮机和发电机出力限制。

（2）机组的过于频繁启停不仅在经济上不利，而且机械部分磨损将会增加，对设备安全有影响，为此必须设法防止。

（3）通常的做法是，设置一个功率覆盖区，即将实际开机特性向右移一段距离，这意味着，只有等电站功率比理论开停机特性线所需功率大某一值时方才开下一台机组（实际开机曲线）。同样，将实际停机特性线向左移一段距离，这等于只有电站功率比理论开停机特性线所需功率小某一值时才停一台机组（实际停机曲线）。

（三）优缺点

（1）这种方法得到了广泛的应用，但只限用于设有相同机组的水电站。

（2）水电站设有不同机组，或者运行多年后各台机组动力特性相差较大时，就不能采用此法。

（3）这种方法未能考虑振动对机组的影响，在负荷分配时振动区难以避开。

## 二、功率反馈法

功率反馈法的中心思想是，在运行中调整各台机组的出力或启停，使各台机组均运行于水轮机效率曲线的最高点附近，误差通常取±1%。

根据当前水头和运行特性曲线计算出机组可达到的最高效率，再计算各台机组实发功率对应的效率。然后计算各台机组效率与最高效率差，如超过 1%，则调整相应机组的出力。如果经过相应的调整仍不能得到满足，则根据实发功率是大于还是小于最高效率对应的功率，决定是增开还是停运一台机组，这样反复进行，直至各台机组效率与最高效率相差均不超过 1%时为止。

此法的优点是算法简单，但是：

（1）当电站设有不同机组时，此法不能给出最佳运行机组的组合。例如，当需要增开机组时，究竟开哪一种机组，此法不能给出肯定性的回答。

（2）此法不能预先确定要开多少台机组，一些校核计算无法进行。

（3）此法确定最佳运行机组数和组合是在运行中不断启停和调整机组功率来实现

的，因此需要较长的时间。

（4）此法也不能用于计划性的计算。

## 三、等负荷分配和等比例分配法

在大、中型电站中，尤其是承担调频任务的电站，对于AGC计算的实时性要求较高，在机组台数较多的电站中，由于动态规划法计算量较大，实时性不满足，常常采用简化的等比例法或者等负荷分配法。

（1）如果水电站安装相同的机组，而且机组的动力特性相差不大时，最简单的方法是等负荷分配。这样做，最容易实施，计算时间最短，大多数水电站采用此法。

（2）但如果水电站安装不同的机组，或者各机组动力特性相差较大时，按等负荷分配会导致不经济，有的就采用按机组额定功率大小比例分配负荷。

式（3-1）是等比例分配法的算法模型：

$$P_i = P_{\mathrm{AGC}} \times \frac{P_{i\max}}{\sum_{i=1}^{n} P_{i\max}} \tag{3-1}$$

式中　$n$　——参加AGC的机组数；

$P_{i\max}$　——参加AGC的第$i$台机组在当前水头下的最大出力；

$\sum_{i=1}^{n} P_{i\max}$　——参加AGC的各台机组在当前水头下的最大出力之和；

$P_i$　——AGC分配到第$i$台参加AGC机组的有功功率。

上述两个方法简单易行，计算量很小，但是未能考虑效率最优的问题，严格来说，这也不是最经济的。

## 四、等微增率法

以两台机为例进行等微增率分析：固定机组之间的最优负荷分配，是指在已选定的机组之间实行负荷的优化分配。所有选定的机组必须处在运行状态，其间若某机组所分得的负荷为零，则意味着该机组在空载工况下运行。

设水电站总负荷为$P$，选定某2台机组共同完成这一总负荷，分析如何在这2台机组之间分配总负荷$P$，以使总工作流量最小，其数学模型可描述为：

目标函数：

$$Q(P) = \min[Q_1(P_1) + Q_2(P_2)] \tag{3-2}$$

约束条件：

$$\left.\begin{aligned} & P_1 + P_2 - P = 0 \\ & P_1 \in R_1(R_1\text{为1号机组功率限制范围}) \\ & P_2 \in R_2(R_2\text{为2号机组功率限制范围}) \end{aligned}\right\} \tag{3-3}$$

建立拉格朗日函数：

$$\varphi = Q_1(P_1) + Q_2(P_2) + \lambda(P - P_1 - P_2) \tag{3-4}$$

满足目标函数的条件：

$$\frac{\partial \varphi}{\partial P_1}=0,\ \frac{\partial \varphi}{\partial P_2}=0 \tag{3-5}$$

则有：

$$\frac{\partial Q_1}{\partial P_1}=\frac{\partial Q_2}{\partial P_2}=\lambda \tag{3-6}$$

式（3-6）便是固定机组之间的最优负荷分配的等微增率原则。

上述方法在应用时都有自身的不足之处。使用等微增率是有前提的，即先确定哪些机组运行（由哪些机组并联运行），然后在确定运行的机组间完成负荷分配，它要求机组的耗流量特性曲线具有正的二阶倒数（一般情况下都能满足）。优点是简单易行，缺点是不能确定应由哪些机组承担负荷分配。

## 五、动态规划法

### （一）含义

动态规划法是解决多阶段决策过程最优化的一种方法。

多阶段决策过程：由于过程的特殊性可将过程划分为若干相互联系的阶段，在它的每一个阶段都需做出决策，并且每一阶段的决策确定以后，常常影响下一个阶段的决策，从而影响整个过程的活动路线。各个阶段所确定的决策构成一个决策性序列，通常称为一个策略。由于每一阶段可供选择的决策往往不止一个，因而形成许多策略可供选取。对应于一个策略就有确定的活动效果，这个效果可用数量来衡量。不同的策略，其效果也不同。

多阶段决策问题：要在允许选择的那些策略中选择一个最优的，使在预定的标准下达到最好的效果。

### （二）动态规划法在水电站 AGC 中的应用

以 4 台机组为例来具体阐述动态规划法的应用。设各台机组的动力特性不同，为 $Q_i(P_i, H_i)$。

把不同机组数参加运行看成不同的阶段：1 台机组参加运行作为第一阶段；1 台机组加另外 1 台机组参加运行作为第二阶段，依次类推，共有 4 个阶段。

为了简化说明，认为各台机组的水头是相同的。这样，机组动力特性可简化为 $Q_i(P_i)$。假设 4 台机组均可参加运行，电站最大出力为 4 台机组最大出力之和。

1. 第一阶段：1 台机组运行

因为只有 1 台机组运行，1 台机组特性就是电站特性，则：

约束条件：
$$Q_1^{\mathrm{eq}}(P_s)=\min[Q_1(P_i)]$$

式中 $Q_1^{\mathrm{eq}}$ ——第一阶段的电站等值流量；

$P_s$ ——电站功率；

$Q_1$ ——第一阶段的 1 台机组流量；

$P_i$ ——第一阶段的 1 台机组功率（$i$=1，2，3，4）。

$P_s = P_i$，限制条件：$P_{i.\min} < P_i < P_{i.\max}$。

2. 第二阶段：2 台机组运行

约束条件：
$$Q_{\mathrm{II}}^{\mathrm{eq}}(P_s) = \min[Q_2(P_j) + Q_{\mathrm{I}}^{\mathrm{eq}}(P_s - P_j)]$$
式中：$Q_{\mathrm{II}}^{\mathrm{eq}}$ 为第二阶段的电站等值流量；$Q_2$ 为第二阶段新投入机组的可能流量；$Q_{\mathrm{I}}^{\mathrm{eq}}$ 为第一阶段的电站等值流量；$P_j$ 为第二阶段新投入机组的可能功率（$j$=1，2，3，4），但 $j \neq i$；$P_s$ 为电站功率，限制条件：$P_j \leqslant P_{j.\max}$，$P_s - P_j \leqslant P_{i.\max}$。

3. 第三阶段：3 台机组运行

约束条件：
$$Q_{\mathrm{III}}^{\mathrm{eq}}(P_s) = \min[Q_3(P_k) + Q_{\mathrm{II}}^{\mathrm{eq}}(P_s - P_k)]$$
式中：$Q_{\mathrm{III}}^{\mathrm{eq}}$ 为第三阶段的电站等值流量；$Q_3$ 为第三阶段新投入机组的可能流量；$Q_{\mathrm{II}}^{\mathrm{eq}}$ 为第二阶段的电站等值流量；$P_k$ 为第二阶段新投入机组的可能功率（$k$=1，2，3，4），$k \neq i$，$k \neq j$；$P_s$ 为电厂功率，限制条件：$P_k \leqslant P_{k.\max}, P_s - P_k \leqslant P_{i.\max} + P_{j.\max}$。

4. 第四阶段：4 台机组运行

约束条件：
$$Q_{\mathrm{IV}}^{\mathrm{eq}}(P_s) = \min[Q_4(P_l) + Q_{\mathrm{III}}^{\mathrm{eq}}(P_s - P_l)]$$
式中：$Q_{\mathrm{IV}}^{\mathrm{eq}}$ 为第四阶段的电站等值流量；$Q_4$ 为第四阶段新投入机组的可能流量；$Q_{\mathrm{III}}^{\mathrm{eq}}$ 为第三阶段的电站等值流量；$P_l$ 为第三阶段新投入机组的可能功率（$l$=1，2，3，4），$l \neq i$，$l \neq j$，$l \neq k$；$P_s$ 为电厂功率，限制条件：$P_l \leqslant P_{l.\max}, P_s - P_l \leqslant P_{i.\max} + P_{j.\max} + P_{k.\max}$。

对上述各阶段求目标最优解，可求得各阶段机组的组合。

优点：允许电站存在不同机组，并且同时可以确定哪台机组运行、各运行机组发多少功率。

缺点：计算工作量比较大。对于单个电站而言，此方式较适合机组台数不是很多的电站。

动态规划法在大、中型水电站得到了广泛应用。

## 六、各类负荷分配方法的分析对比

从上述各方法的测量原理来看，各种负荷分配方法的优缺点对比如表 3-1 所示。

**表 3-1　　各种负荷分配方法特点**

| 分配方法 | 优　点 | 缺　点 |
|---|---|---|
| 水轮机组合效率曲线交点法 | 应用广泛 | 1．水电站设有不同机组，或者运行多年后各台机组动力特性相差较大时，就不能采用此法。<br>2．难以能考虑振动区对机组的影响 |
| 功率反馈法 | 算法简单 | 1．当电站设有不同机组时，此法不能给出最佳运行机组的组合。<br>2．此法不能预先确定要开多少台机组，一些校核计算无法进行。<br>3．此法确定最佳运行机组数和组合是在运行中不断启停和调整机组功率来实现的，因此需要较长的时间 |
| 等负荷分配和等比例分配法 | 计算量很小 | 未能考虑效率最优的经济性问题 |

续表

| 分配方法 | 优　点 | 缺　点 |
| --- | --- | --- |
| 等微增率法 | 原理简单，机组型号相同时即可等负荷分配；当机组动力特性有差异时，具有很强的适应性 | 1．要求各水头下机组的流量—出力函数必须为凹函数，该条件在大部分情况下能满足，但也存在少数例外的情况。<br>2．不能确定应由哪些机组承担负荷分配 |
| 动态规划法 | 允许电站存在不同机组，并且同时可以确定哪台机组运行、各运行机组发多少功率 | 计算工作量比较大；对于单个电站而言，此方式较适合于机组台数不是很多的电站 |

从表 3-1 可以看出，忽略计算量大小的问题，动态规划法相比其他方法具备较为明显的优势，其允许电站各机组功率特性存在差异，而且能同时确定哪台机组运行、各运行机组发电功率是多少等，实现机组的最优负荷分配。

对于研究项目而言，在每个电站内部，机组数量也并不是非常多（不超过 4 台），因此，选择以动态规划法为基础，采用逐次逼近方法进行寻优，设计最优负荷分配算法。

传统的分配算法也存在以下问题：

（一）给定的水头—负荷—效率模型准确性问题

水轮机组合效率曲线交点法、等微增率法、动态规划法等都以机组的水头—负荷—效率特性，目的是找到在给定总负荷下寻找到全电站流量最小这个目标。但是在实际的实施中，采用的水头—负荷—效率模型大多具有以下特点：

（1）模型是经过简化的，大部分基于主机厂给出的理论数据或者模型试验给出的数据，参考的效率模型与真机有差异。

（2）受限于实际测试水头，按照这种方法即使能给出若干组曲线簇，但是也是非常有限的，曲线簇数量少意味着在实际负荷寻优过程中，通过简单插值获得的流量/效率数据具有较大的误差。

（3）模型数据都是静态设定的，当机组的真实效率（在同一个水头—负荷条件下）已经发生改变时，负荷分配算法将不能达到最优。

（二）振动空蚀区规划问题

上述各方法大部分在负荷分配时可以将避开振动区作为一个约束条件。一般是人为设定 1 个或者多个（比如 3 个）固定的振动负荷区，在寻优时，将其作为躲开负荷的一组条件。但是针对传统的避开振动区算法，存在以下若干问题：

（1）对于大多数机组而言，振动大小是与工作水头有关系的，不同水头下振动区是有差异的，如果不能按照工作水头确定振动区，只能人为设定 1 个或者多个较大的振动区，这样一来就无形中减小了机组的可运行调度区。

（2）机组在偏离最优运行工况或离最优运行工况较远时，转轮的出流条件将发生很大改变，并在不同程度上加剧空蚀，引起机组振动。尾水管进人孔门处噪声大。转轮空蚀对转轮和尾水管有损伤，不能长期运行，因此空蚀区也应该避开运行，但是从目前实际运行的系统来看，很少考虑空蚀区避开运行的问题。

（3）上述系统设定的振动区是一个固定振动负荷区，并且系统一般不接入实际的振动摆度监测系统，也无法将实际测量的振动摆度数据本身作为一个评价的依据，如果机组的实际振动特性因为某种原因发生改变，则这种改变也不能及时反映到负荷分配系统中。

（三）临界振动区负荷分配问题

临界振动区是临近振动区的负荷区，包括上临界区和下临界区。机组运行在临界区的特点是，机组运行稳定性尚可，但是不一定是最优区域，而且机组负荷稍有波动就有可能进入振动区。因此，严格说来，机组不能在此负荷区域长时间运行，应属于受控运行，当机组在临界振动区运行一段时间后，负荷分配程序应主动重新进行负荷分配，将该机组调整离开临界振动区。但是目前上述的算法，对于临界振动区的分配还未能有效考虑。

综上，为了解决上述存在的问题，提出并设计实现了一种基于实时动态自校正智能效率曲线拟合和连续稳定的逐次逼近算法，以实现电站多机的最优负荷分配。

## 第二节 基于动态智能曲线拟合及连续稳定性函数的逐次逼近法

### 一、实时动态自校正的效率曲线拟合子系统

传统的负荷分配系统存在给定的水头—负荷—效率模型准确性问题，由于第一部分就是效率测量和实时动态自校正的智能曲线拟合子系统，该子系统能实时地进行机组的效率测量，并能实时动态地实现效率曲线拟合，从而能实时动态地获得一个机组较为精确的水头—负荷—效率三维模型，此模型具有以下特点：

（1）根据真机数据拟合获得。

（2）此模型是实时动态校正的，能真实跟踪和反映机组效率的变化。

（3）经过多次迭代之后，此模型能较为精确地给出各个有效水头下的效率曲线。

而本子系统采用的效率模型就是“效率测量和实时动态自校正的智能曲线拟合子系统”输出的结果，以该效率模型为基础，就可以实现较为精确的最优负荷分配。

### 二、改进前传统分配算法简述

水电机组负荷分配最优控制的目标函数和边界条件如下：

（1）经济性指标，以全电站总流量最低为指标：

$$Q_{st}=\sum_{i=1}^{n}Q_i=\sum_{i=1}^{n}Q(P_i)\Rightarrow \min \tag{3-7}$$

式中：$Q_{st}$ 为全电站流量；$P_i$ 为第 $i$ 台机组的有功功率；$Q_i$ 为第 $i$ 台机组的过机流量；$n$ 为电站总可用机组数。

（2）负荷响应速度指标，以最快速响应为指标，在同样条件下优选已经在运行的机组。

（3）电站功率平衡：

$$P_{st}=\sum_{i=1}^{n}P_i \tag{3-8}$$

式中：$P_{st}$ 为全电站所需总有功功率。

（4）机组有功功率限制：

$$P_{i\_min} \leqslant P_i \leqslant P_{i\_max} \tag{3-9}$$

（5）电站备用容量限制：

$$\sum_{i=1}^{n} P_{av\_i} - P_{st} \geqslant P_{res} \tag{3-10}$$

式中：$P_{av\_i}$ 为第 $i$ 台机组的可用有功功率；$P_{res}$ 为全电站最低备用容量限制。

（6）下泄流量限制：

$$Q_{st} \geqslant Q_{min} \tag{3-11}$$

式中：$Q_{st}$ 为全电站总流量；$Q_{min}$ 为全电站最低下泄总流量。

（7）机组运行安全稳定性限制，以机组不在振动/空蚀区运行为指标：

$$V_i = \begin{cases} 1 & P_i\text{在振动区} \\ 0 & P_i\text{不在振动区或者机组停机} \end{cases} \tag{3-12}$$

（8）开停机时间约束为：

$$\begin{cases} T_{i,on}^{t} \geqslant T_{i,up} \\ T_{i,off}^{t} \geqslant T_{i,dn} \end{cases} \tag{3-13}$$

式中：$T_{i,up}$ 为第 $i$ 台机组允许的最短开机时间；$T_{i,dn}$ 为第 $i$ 台机组允许的最短停机时间；$T_{i,on}^{t}$ 为第 $i$ 台机组到时间段 $t$–1 为止，持续开机时长；$T_{i,off}^{t}$ 为第 $i$ 台机组到时间段 $t$–1 为止，持续停机时长。

综上，最优负荷分配过程是以式（3-7）为目标函数的寻优过程，需要满足的边界条件为式（3-10）、式（3-12）、式（3-13）以及响应时间最短等。

在实际的寻优过程中，机组耗水率、机组效率可以通过曲线拟合分析系统获得，而振动指标则可以通过手工输入或通过数据通信的方式从机组振动摆度监测系统中获得。

从上述关系可以看出，最优有功功率分配过程是一个高维数、非线性、多约束的优化问题，无法用直接、简单的方法去求解，采用“连续稳定性函数的逐次逼近法”进行寻优求解，最终得到 $P_i$，传递给监控系统，实现最优有功功率分配。

## 三、基于综合稳定性指标的振动区空蚀区规划

### （一）机组振动区空蚀区的传统规划方法

水轮机在偏离最优运行工况时，其内部水流流态变坏，转轮出口水流具有一定的环量，由此在尾水管内形成不稳定的涡带，从而产生压力脉动和水轮机功率脉动。过大的压力脉动可以引起机组振动，危害机组安全、稳定运行，这就是机组振动区的来源。

反映机组稳定性主要依据机组结构振动（如机架振动、定子基座振动、顶盖振动）、摆度、过流部件压力脉动、转轮空化噪声等指标。

按照传统的做法，是通过机组稳定性试验确认振动区。一般按照国家及行业的技术

标准、发电厂的技术规程以及相关的技术资料，确定机组各部位振动值、摆度值、水压脉动值的运行限制，然后通过试验确定在各个负荷下的振动、摆度、压力脉动值，综合对比上述关键指标在哪些负荷区严重超过运行值，即可认为这些区域是振动区；反过来，哪些参与评价的振动、摆度、压力脉动测值全部低于运行限制的负荷区域，即为稳定运行区；其他负荷区，存在部分参数超过运行允许值，或者超过值并不严重，则定义为临界振动区。则有：

（1）振动负荷区，机组禁止运行，负荷分配程序不能将机组负荷分配到振动负荷区。

（2）稳定负荷区，机组长时间运行，负荷分配程序可将机组负荷分配到稳定负荷区，而且无持续运行时间限制。

（3）临界振动区，机组受控运行，负荷分配程序可将机组负荷分配到临界振动负荷区，但禁止长期运行，机组持续在临界振动区运行有限时间后，负荷分配程序必须重新调整负荷，将该机组负荷从临界振动区调整出来（如有必要，将其他运行在稳定负荷区的机组调整到临界振动区），避免该机组长时间运行在临界振动区。

振动区虽然可以通过传统的方式确定，即通过人工输入方式设定，但是振动、摆度、压力脉动是与工作水头有关系的，不同水头下振动区是有差异的，如果不能按照工作水头确定振动区，只能人为设定 1 个或者多个较大的振动区，这样一来就无形中减小了机组的可运行调度区。

为了克服上述问题，采取两种模式来应对振动空蚀区的规划问题：

（1）按照传统方式，通过稳定性试验确定不同水头下的振动区、临界振动区，然后通过人工录入方式设定固定的振动区和临界振动区。

（2）通过采集机组振动摆度在线监测装置的数据，建立评价模型，动态确定振动区、临界振动区。

### （二）基于机组综合稳定性指标的动态振动区规划

设定某振动、摆度、压力脉动、空化噪声强度特征值测值为：$V_{ij}$（$i=1,\cdots,n$，$j=1,\cdots,m$；$n$ 为某电站的机组数，$m$ 为第 $i$ 号机组参数稳定性评价的特征值数量），那么定义：

$$L_{ij}=\begin{cases}0 & V_{ij}\geqslant V_{ij}^{\max}\\ 1 & V_{ij}<V_{ij}^{\max}\end{cases} \tag{3-14}$$

式中：$L_{ij}$ 为电站第 $i$ 号机组第 $j$ 个特征值的稳定性指数；$V_{ij}^{\max}$ 为 $V_{ij}$ 的允许运行值；如果 $V_{ij}$ 超过 $V_{ij}^{\max}$，则 $L_{ij}$ 为 0，否则 $L_{ij}$ 为 1。

那么定义：

$$L_i=\frac{\sum_{j=1}^{m}W_{ij}\times L_{ij}}{\sum_{j=1}^{m}W_{ij}} \tag{3-15}$$

式中：$W_{ij}$ 为第 $i$ 号机组上第 $j$ 个评价特征指标的参数的评价权重；$L_i$ 为电站第 $i$ 号机组

的综合稳定性指数，数值越高，表明机组的运行稳定性越大，0.0 表示严重偏离允许运行区，1.0 表示运行在稳定区，其中间值为表示机组运行在部分振动区，通常情况下，可设定当 $L_i$ 小于某一个阈值时 $L_l^{\min}$ （比如 0.2）即认为严重偏离允许运行区。

那么，根据某个水头下不同负荷下测得的 $V_{ij}$ 计算，可以获得某一个负荷下对应的 $L_i$，如果 $L_i \leqslant L_l^{\min}$，那么对应的该负荷就是振动负荷，如果 $L_l^{\max} < L_i < 1$，那么该负荷就是临界振动负荷，而 $L_i \geqslant 1.0$ 时对应的负荷就是稳定运行区。

在选定一个工作水头后，通过遍历该水头下所有负荷下的参与稳定性评价的特征参数，就可以描绘出该工作水头下的振动负荷区、临界振动负荷区，详细算法流程如图 3-2 所示。

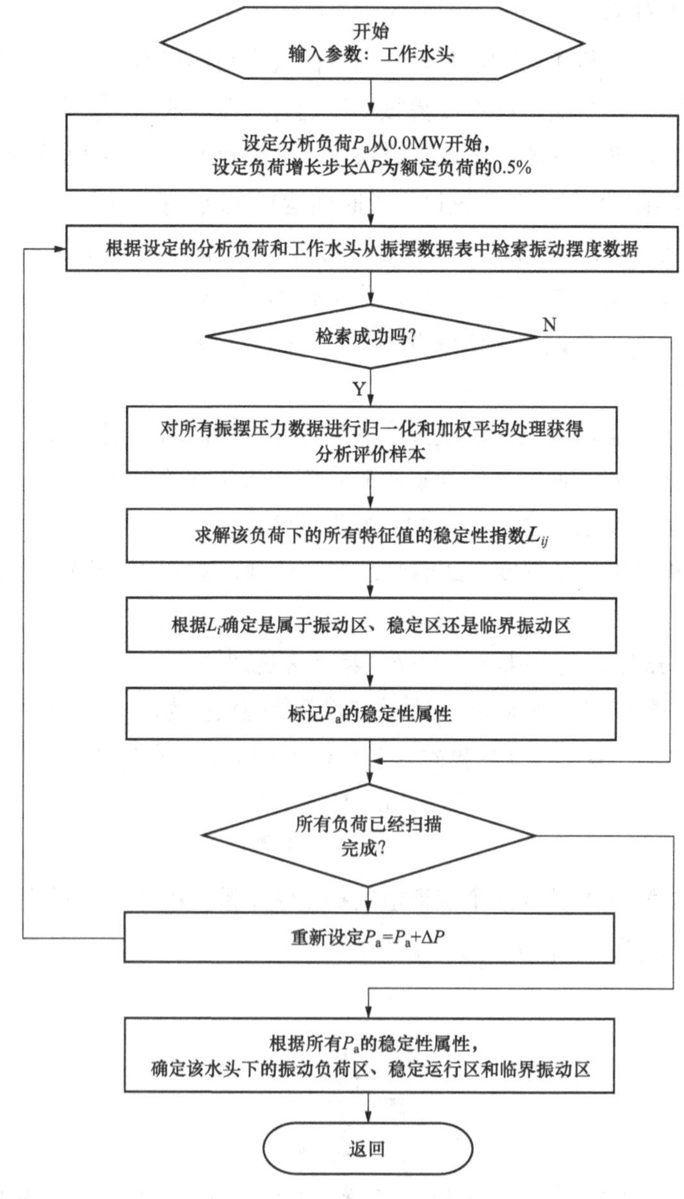


图 3-2　振动负荷区、临界振动负荷区算法流程图

该流程图中：

（1）空化噪声强度被纳入到振动区评价中，当作一个特征参数项，参与评价。

（2）利用振动摆度在线监测系统的数据，结合效率测量系统获得水头、负荷数据可以获得不同水头、不同负荷下的数据，进而可以通过上述算法确定各水头下的振动区、临界振动区分布。

（3）对于某些缺少振动、摆度测量数据的水头、负荷工况，可通过人工设定补充。

（4）采用上述方法，在负荷分配时，通过定期实时调用上述算法，可以实现动态的振动负荷区、稳定运行区的自动化动态规划。

## 四、基于振动区与临界区的振动区空蚀区规划

振动对机组的安全性和寿命都有损害，长期在振动或临界振动区运行，会极大地引入安全隐患，因此，在振动负荷区是禁止机组运行的，而稳定运行区，则允许机组长期运行。

比较特殊的是临界振动负荷区，在这个负荷区下，机组可以运行，但是不能长时间运行，需要受控运行，负荷分配程序必须定期检查在临界振动区运行的机组，当机组持续运行时间达到运行上限时，负荷分配程序必须将该机组从临界振动区调整到稳定运行区（如有必要，将其他运行在稳定负荷区的机组调整到临界振动区）。

临界区机组的单次最长持续运行时间按照以下确定：

### （一）基于综合稳定性指标自主振动区规划模式下的时间控制函数

在自主动态振动区规划模式下，临界区运行时间控制函数为原型为：

$$T_i = f(L_i) = \begin{cases} 0 & L_i \leqslant 0.2 \\ \dfrac{60.0}{e^{2.75\times(1.0-L_i)}-1} & 0.2 < L_i < 1.0 \\ \infty & L_i \geqslant 1.0 \end{cases} \tag{3-16}$$

式中：$L_i$ 为电站第 $i$ 号机组的综合稳定性指数；$T_i$ 为机组在某负荷下，由综合稳定性指标确定的单次持续运行时间，单位为分钟（min）。

$L_i$ 的几个典型值下对应的 $T_i$ 值如表 3-2 所示。

**表 3-2　$L_i$ 的几个典型值下对应的 $T_i$ 值**

| 序号 | $L_i$ | $T_i$（min） |
|---|---|---|
| 1 | 0.1 | 0 |
| 2 | 0.2 | 0 |
| 3 | 0.3 | 10 |
| 4 | 0.4 | 14 |
| 5 | 0.5 | 20 |
| 6 | 0.6 | 30 |
| 7 | 0.7 | 47 |
| 8 | 0.8 | 82 |
| 9 | 0.9 | 90 |

其对应曲线如图 3-3 所示。

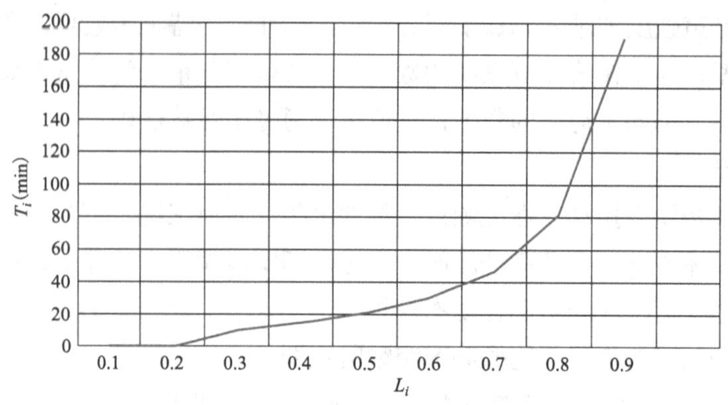


图 3-3 $L_i$ 与 $T_i$ 值对应曲线图

从表 3-2 和图 3-3 可以看到，机组的综合稳定性指标越高，在临界区允许单次运行时间越长，综合稳定性指标低，单次运行时间越短。

（二）人工设定振动区和临界振动区模式下时间控制函数

在人工设定振动区规划模式下，临界区运行时间控制函数按照以下方法确定：

设振动区位于 $\{P_{v\_l},\ P_{v\_u}\}$，小于 $P_{s\_l}$ 和大于 $P_{s\_u}$ 的负荷区为稳定负荷区，$\{P_{s\_l},\ P_{v\_l}\}$ 和 $\{P_{v\_u},\ P_{s\_u}\}$ 为临界振动区，如图 3-4 所示。

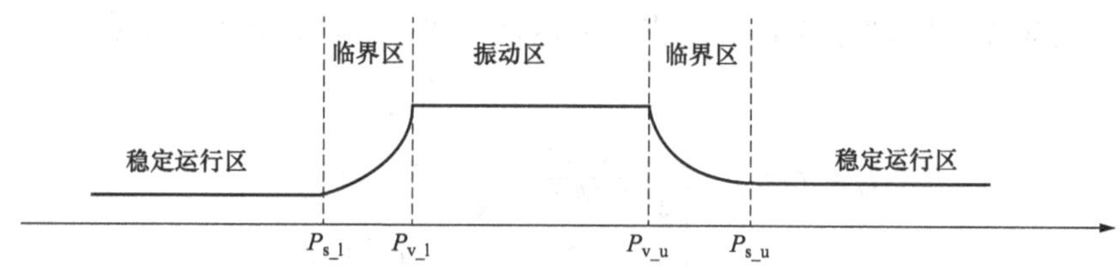


图 3-4 人工设定振动区示意图

针对下临界振动区，设定当前负荷为 $P$，$P \in \{P_{s\_l}, P_{v\_l}\}$，其中，$P_s$ 为临界振动负荷区的下边界（小于 $P_{s\_l}$ 的负荷区为稳定负荷区），$P_{v\_l}$ 为振动负荷区的下边界，$P$ 位于 $P_{s\_l}$ 和 $P_{v\_l}$ 之间的临界振动区，则有：

$$T_i = f(P) = \begin{cases} 0 & P \geqslant P_{s\_l} + (P_{v\_l} - P_{s\_l}) \times 0.8 \\ \dfrac{60.0}{e^{2.75 \times \frac{P - P_{s\_l}}{P_{v\_l} - P_{s\_l}}} - 1} & \text{其他} \\ \infty & P \leqslant P_{s\_l} \end{cases} \tag{3-17}$$

式中：$T_i$ 为机组在某负荷下，根据临界振动区边界和振动边界确定的单次持续运行时间，单位为分钟（min）。

表 3-3 是负荷 $P$ 几个典型值下对应的 $T_i$ 值（其中，振动区的下边界 $P_{v\_l} = 10\text{MW}$，临界振动区的下边界 $P_{s\_l} = 8\text{MW}$）。

表 3-3　　负荷 $P$ 几个典型值下对应的 $T_i$ 值

| 序号 | 负荷 $P$ | $T_i$（min） |
|---|---|---|
| 1 | 8.1 | 408 |
| 2 | 8.2 | 190 |
| 3 | 8.4 | 82 |
| 4 | 8.6 | 47 |
| 5 | 8.8 | 30 |
| 6 | 9 | 20 |
| 7 | 9.2 | 14 |
| 8 | 9.4 | 10 |
| 9 | 9.6 | 0 |
| 10 | 9.8 | 0 |
| 11 | 10 | 0 |

其对应曲线如图 3-5 所示。

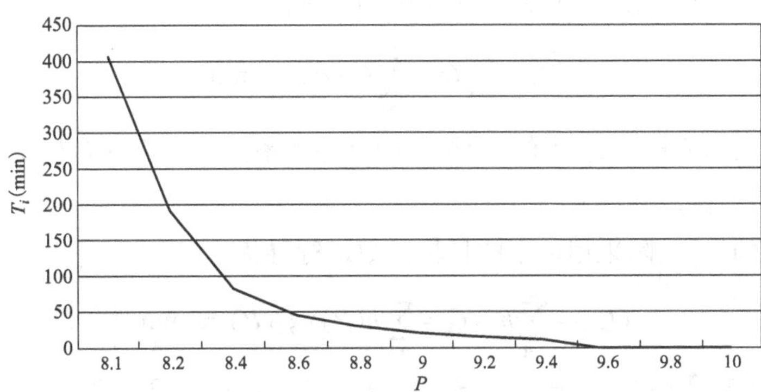


图 3-5　负荷 $P$ 与 $T_i$ 值的对应曲线图

从表 3-3 和图 3-5 可以看到，机组负荷 $P$ 越靠近振动区边界，在临界区允许单次运行时间越短，越远离振动区边界，在临界区允许单次运行时间越长。

类似地，针对上临界振动区，设定当前负荷为 $P$，$P \in \{P_{v\_u}, P_{s\_u}\}$，其中，$P_{s\_u}$ 为临界振动负荷区的上边界（大于 $P_{s\_u}$ 的负荷区为稳定负荷区），$P_{v\_u}$ 为振动负荷区的上边界，$P$ 位于 $P_{v\_u}$ 和 $P_{s\_u}$ 之间的临界振动区，则有：

$$T_i = f(P) = \begin{cases} 0 & P \leqslant P_{v\_u} + (P_{s\_u} - P_{v\_u}) \times 0.8 \\ \dfrac{60.0}{e^{2.75 \times \frac{P - P_{v\_u}}{P_{s\_u} - P_{v\_u}}} - 1} & 其他 \\ \infty & P \geqslant P_{s\_u} \end{cases} \tag{3-18}$$

## 五、改进的最优负荷分配算法

### （一）改进后的目标函数和约束条件

当设计好时间控制函数 $T_i = f(P)$ 或 $T_i = f(L_i)$ 之后，对于振动区、临界振动区的约束条件演变为 $T_i>0$，也就是说，如果 $T_i>0$，则给定的负荷也必然不在振动区，如果 $T_i$ 取值极大，则给定的负荷也必然是在稳定运行区，反之 $T_i$ 是一个大于 0 的有限值，则给定的机组负荷也必然位于临界振动区，$T_i$ 越大，在给定的负荷下机组运行越稳定，$T_i$ 越小，在给定的负荷下机组运行稳定性越差。

为了简化寻优过程控制，构造惩罚系数函数：

$$h_i = f(P) = \begin{cases} \infty & \text{给定负荷}P\text{在振动负荷区} \\ \infty & \text{给定负荷}P\text{在临界振动区,且持续运行时间}t-t_0 \geqslant T_i \\ 1.0 & \text{给定负荷}P\text{在稳定负荷区} \end{cases} \tag{3-19}$$

此惩罚系数函数主要用于在对目标函数寻优时，控制避免进入振动区以及临界振动区长时间持续运行。

改进后水电机组间负荷分配最优控制的目标函数和边界条件如下：

（1）经济性指标，以全电站总流量最低为指标：

$$Q_{st} = \sum_{i=1}^{n} Q_i = \sum_{i=1}^{n} Q_i(P_i) \Rightarrow \min \tag{3-20}$$

式中：$Q_{st}$ 为全电站流量；$P_i$ 为第 $i$ 台机组的有功功率；$Q_i$ 为第 $i$ 台机组的过机流量；$n$ 为电站总可用机组数。

在实际寻优时，实际采用以下的目标函数进行寻优：

$$Q_{st\_v} = \sum_{i=1}^{n} h_i \times Q_i = \sum_{i=1}^{n} h(P_i) \times Q(P_i) \Rightarrow \min \tag{3-21}$$

式中：$h_i = h(P_i)$ 是第 $i$ 台机组在负荷 $P_i$ 下的惩罚系数函数；$Q_{st\_v}$ 为名义全电站流量。

采用名义总流量作为寻优的目标函数，是为寻优时避开振动区运行以及避免机组在临界振动区长时间运行，当给定负荷 $P_i$ 位于振动区或者在临界振动区而且运行时间已经超过最长允许时间时，则该机组的惩罚系数 $h_i = h(P_i)$ 是个无穷大的数，对应的 $Q_{st\_v}$ 也必然无穷大，在寻优过程中该负荷一定会被丢弃。在 $P_i$ 位于稳定区或者在临界区段时间运行情况下，$h_i = h(P_i) = 1$，$Q_{st\_v} = Q_{st}$。

（2）负荷响应速度指标，以最快速响应为指标，在同样条件下优选已经在运行的机组。

（3）电站功率平衡：

$$P_{st} = \sum_{i=1}^{n} P_i \tag{3-22}$$

式中：$P_{st}$ 为全电站所需总有功功率。

（4）机组有功功率限制：

$$P_{i\_\min} \leqslant P_i \leqslant P_{i\_\max} \tag{3-23}$$

（5）电站备用容量限制：

$$\sum_{i=1}^{n} P_{av\_i} - P_{st} \geqslant P_{res} \tag{3-24}$$

式中：$P_{av\_i}$ 为第 $i$ 台机组的可用有功功率；$P_{res}$ 为全电站最低备用容量限制。

（6）下泄流量限制：

$$Q_{st} \geqslant Q_{min} \tag{3-25}$$

式中：$Q_{st}$ 为全电站总流量；$Q_{min}$ 为全电站最低下泄总流量。

（7）机组运行安全稳定性限制，以机组不在振动/空蚀区运行为指标：

$$T_i > 0 \tag{3-26}$$

式中：$T_i$ 是临界振动区单次持续运行的控制时间，该时间由综合的稳定性指标或者给定负荷与振动区/稳定区边界的距离确定，其计算模型参见“基于综合稳定性指标的振动区空蚀区规划”部分。

（8）开停机时间约束为：

$$\begin{cases} T_{i,\text{on}}^{t} \geqslant T_{i,\text{up}} \\ T_{\text{i,off}}^{\text{t}} \geqslant T_{i,\text{dn}} \end{cases} \tag{3-27}$$

式中：$T_{i,up}$ 为第 $i$ 台机组允许的最短开机时间；$T_{i,dn}$ 为第 $i$ 台机组允许的最短停机时间；$T_{i,on}^{t}$ 为第 $i$ 台机组到时间段 $t-1$ 为止，持续开机时长；$T_{i,off}^{t}$ 为第 $i$ 台机组到时间段 $t-1$ 为止，持续停机时长。

综上，最优负荷分配过程为以式（3-20）为目标函数的寻优过程，需要满足的边界条件为式（3-21）、式（3-23）、式（3-24）、式（3-25）、式（3-26）、式（3-27）以及响应时间最短等。

### （二）改进后的分配流程

#### 1. 改进后的分配流程详述

改进后的分配流程如图 3-6 所示，详细说明如下：

（1）与电站水情监测系统通信获得电站水头 $H$ 测值。

（2）从振动摆在线监测装置及转轮空化噪声监测装置读取测量数据，根据“基于机组综合稳定性指标的动态振动区规划”部分给出的算法，计算机组在该水头下的综合稳定性指标 $L_i$，确定振动区及临界振动区，或者直接采用人工输入的振动区、临界振动区设定。

（3）从电站计算机监控系统通信读取全厂负荷给定值 $P_{st\_e}$，或者通过人工给定全电站负荷。

（4）从电站效率测量监测系统中读取当前各机组运行状态以及当前负荷值，并计算当前全电站实际总负荷 $P_{st\_r}$。

（5）设定 $\Delta P_d$ 为负荷调节死区值，如果 $\left|P_{st\_r} - P_{st\_e}\right| \leqslant \Delta P_d$，则不做任何负荷调整，直接返回，执行步骤（1），准备下一个周期的负荷分配。

（6）设定 $P_{st\_av}$ 为全电站最大总可用有功功率，$P_{res}$ 为全电站备用有功功率，如果 $P_{st\_e} > P_{st\_av} - P_{res}$，则拒绝执行负荷分配，直接返回，执行步骤（1），准备下一个周期的负荷分配。

（7）根据时间最优原则，首先应从已经在运行的机组中进行负荷分配。根据当前已经在运行的机组构造参与重新负荷分配的机组集合如下：

$G_i \in \{G_{r\_1}, G_{r\_2}, \cdots, G_{r\_m}\}$，其中，$G_{r\_1}$、$G_{r\_2}, \cdots, G_{r\_m}$ 为当前已经在运行的机组。

（8）对参与重新负荷分配的机组集合 $G_i$ 中的每一台机组设定初始可分配负荷范围 $(P_{i\_min}, P_{i\_max})$，也就是说，首先考虑不穿越振动区条件下进行尝试分配。确定该可分配负荷区的算法如下：

对于正在运行的机组，从效率在线监测系统中读取当前机组的实际负荷 $P$，遍历该机组的所有能包含 $P$ 的稳定负荷区和临界振动区，并将该范围设定为初试可调节负荷范围 $(P_{i\_min}, P_{i\_max})$。对于停机状态的机组，可以认为该机组当前的负荷 $P = P_{i\_av\_min}$，则初试可调节负荷范围的 $P_{i\_min} = P_{i\_av\_min}$，$P_{i\_max}$ 为第一个振动区的下边界，其中 $P_{i\_av\_min}$ 为该机组的最小可调节负荷。

（9）调用效率采集/智能曲线拟合系统拟合获得的各机组的水头—负荷—效率模型，并根据水头获得当前各机组负荷—效率拟合曲线。

采用逐次逼近法，在给定的可分配机组集合、在给定的可调节负荷范围下根据综合耗水率最小寻优分配。

（10）如果在给定的可分配机组集合、在给定的可调节负荷范围寻优成功，得到各机组的分配负荷 $P_i$，则将各机组的 $P_i$ 通过数据通信，发送给电站监控系统，然后直接返回，执行步骤（1），准备下一个周期的负荷分配。

（11）判断当前分配的模式是部分负荷分配（部分负荷分配是指不穿越振动区条件下分配），如果不是部分负荷分配，则执行步骤（14）。

（12）调整参与重新负荷分配的机组集合 $G_i$ 中的每一台机组的可分配负荷范围 $(P_{i\_min}, P_{i\_max})$ 为该机组的全部可调节负荷范围（考虑穿越振动区），然后再执行步骤（10），重新尝试进行负荷分配。

（13）检查是否所有允许参与分配的机组都已经参与了分配（包括正在停止运行的机组），如果是，则说明本次要求的负荷在现有约束条件下无法分配，直接返回，执行步骤（1），准备下一个周期的负荷分配。

（14）调整可分配机组集合 $G_i$，从停机态的机组中选择一台机组进入可分配机组集合 $G_i \in \{G_{r\_1}, G_{r\_2}, \cdots, G_{r\_n}\}$，在选择停机态的机组时，按照以下优先原则确定的顺序进行选择：

1）从当前时刻计算的 $T_{i,off}$（停止运行时间）越长，越优先选择。

2）开机时间 $T_{i,up}$ 越小（开机越快），越优先选择。

然后跳转执行步骤（8），重新在新的机组集合中进行尝试负荷分配。

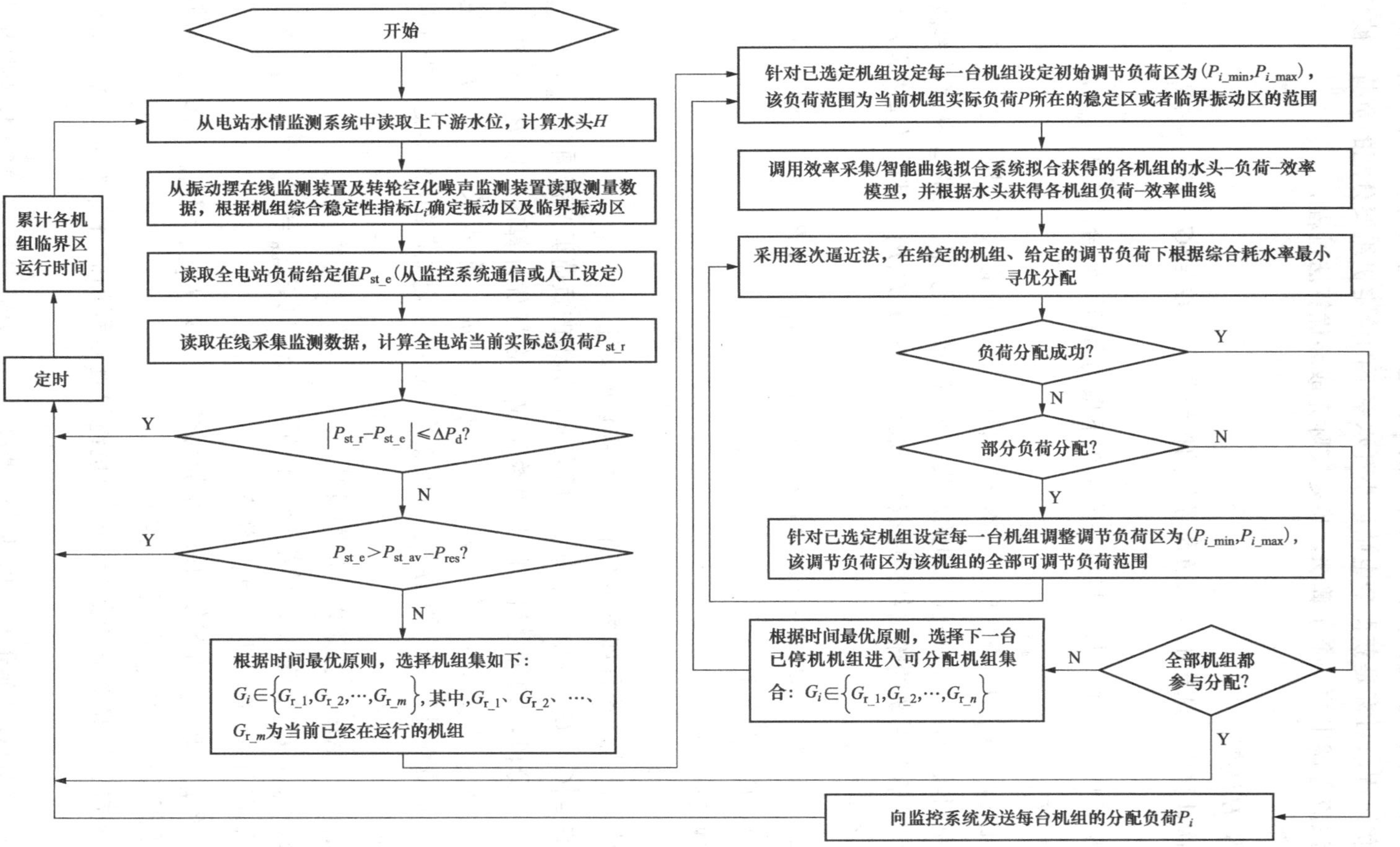


图 3-6 改进后的分配流程示意图

2. 逐次逼近的负荷寻优算法

本算法是在给定的机组、负荷等条件下的以给定的目标总负荷按照目标函数和约束条件进行寻优过程，目标是获得全电站最小耗水率下的给定机组要分配的负荷。被负荷分配总体算法流程调用的一个子算法，也是实际完成寻优算法过程。

输入条件：

（1）水头 $H$ 测值。

（2）本次计算中，选定的参与负荷寻优的机组集合：$G_i \in \{G_{r\_1}, G_{r\_2}, \cdots, G_{r\_n}\}$，$n$ 为机组数。

（3）在机组集合 $G_i$ 中，每台机组在该水头下振动负荷区集合：$\{(P_{i\_v\_min}, P_{i\_v\_max})\}$、临界振动负荷区 $\{(P_{i\_s\_min}, P_{i\_s\_max})\}$。

（4）在机组集合 $G_i$ 中，每台机组在本次计算中给定的负荷调节范围：$(P_{i\_min}, P_{i\_max})$。

（5）在机组集合 $G_i$ 中，每台机组的水头—负荷—效率模型，该模型从“效率测量/实时动态曲线拟合”系统的输出结果中获得，表示为 $\xi = f(H,P)$，其中效率 $\xi$ 为水头 $H$ 和 $P$ 的四次多项式形式：

$$\xi = a_1H^2P^2 + a_2H^2P + a_3H^2 + a_4HP^2 + a_5HP + a_6H + a_7P^2 + a_8P + a_9 \tag{3-28}$$

（6）全电站所需负荷 $P_{st}$。

（7）其他约束条件。

3. 实际寻优算法

实际寻优算法程序流程如图 3-7 所示，详细说明如下：

（1）在 $G_i \in \{G_{r\_1}, G_{r\_2}, \cdots, G_{r\_n}\}$ 中，将所有 $n$ 台机组的负荷调节范围 $(P_{i\_min}, P_{i\_max})$，按照步长 $\Delta P_{i\_step}$ 分段，则每台机组的分段数为 $N_i$，在寻优计算时，以 $P_{i\_calc} = P_{i\_start}$ 为起始值，以 $\Delta P_{i\_step}$ 为步长，每计算一次，$P_{i\_calc}$ 增加一个步长，直到 $P_{i\_calc}$ 遍历 $(P_{i\_min}, P_{i\_max})$ 范围而结束，一般 $\Delta P_{i\_step}$ 可按照第 $i$ 机组额定负荷的 1%设定，对于调频机组可以更小。

另外，$P_{i\_start}$、$\Delta P_{i\_step}$ 按照以下原则设定：

1）如果 $(P_{i\_min}, P_{i\_max})$ 在机组的第一个振动区之下，则 $P_{i\_start} = P_{i\_min}$，$\Delta P_{i\_step}$ 的值为整值，在逐次逼近时，$P_{i\_calc}$ 从小到大增长。

2）如果 $(P_{i\_min}, P_{i\_max})$ 在机组的第一个振动区之上，则 $P_{i\_start} = P_{i\_min}$，$\Delta P_{i\_step}$ 的值为负值，在逐次逼近时，$P_{i\_calc}$ 从大到小减小。

（2）在确定各计算的分段数后，$n$ 台机组寻优过程的总计算次数：$N = N_1 \times N_2 \times N_3 \times \cdots \times N_n$。

（3）设定寻优过程初始最小全电站总流量 $Q_{st\_calc\_min}$ 为无穷大，计算次数计数器的初试值为 0，记 $C$=0。

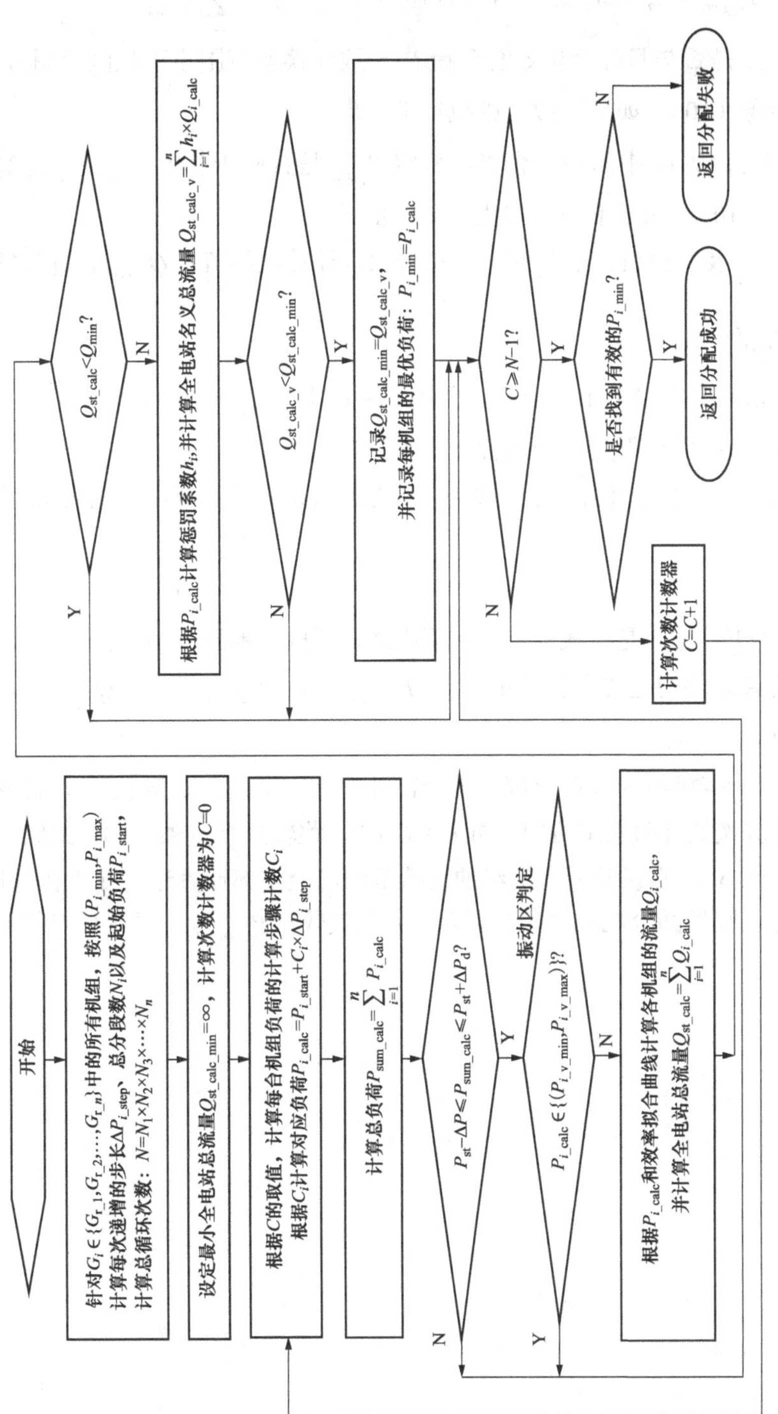


图 3-7 实际寻优算法程序流程示意图

（4）根据计算次数计数器 $C$ 的值计算各台机组的寻优计算次数计数器 $C_i$，根据 $C_i$ 计算对应负荷 $P_{i\_calc}=P_{i\_start}+C_i\times\Delta P_{i\_step}$，并计算总负荷 $P_{sum\_calc}=\sum_{i=1}^{n}P_{i\_calc}$。

（5）判定 $P_{sum\_calc}$ 是否与目标全电站总负荷 $P_{st}$ 一致（误差范围小于死区范围），如果不一致，则执行步骤（10）；如果一致，则执行下一步。

（6）振动区判定：对 $G_i$ 中的每一台机组判定 $P_{i\_calc}$ 是否属于 $\{(P_{i\_v\_min},P_{i\_v\_max})\}$，如果是，则执行步骤（10）；如果不是，则执行下一步。

（7）根据 $P_{i\_calc}$ 以及每台机组的效率负荷拟合曲线计算机组流量 $Q_{i\_calc}$，并计算全电站总流量 $Q_{st\_calc}=\sum_{i=1}^{n}Q_{i\_calc}$。

（8）保证全电站下泄流量不小于 $Q_{min}$，也就是说判断 $Q_{st\_calc}<Q_{min}$ 是否成立，如果成立，则执行步骤（10）；如果不是，则执行下一步。

（9）根据每台机组的 $P_{i\_calc}$ 计算惩罚系数 $h_i$，考虑惩罚系数计算全电站的名义总流量：

$$Q_{st\_calc\_v}=\sum_{i=1}^{n}h_i\times Q_{i\_calc}$$

。

判断 $Q_{st\_calc\_v}<Q_{st\_calc\_min}$ 是否成立，如果不成立，则执行步骤 10)；如果成立，则说明找到一个满足约束条件的更优负荷分配方案 $\{P_{i\_calc}\}$，记录 $Q_{st\_calc\_min}=Q_{st\_calc\_v}$，记录每机组的最优负荷 $P_{i\_min}=P_{i\_calc}$。

（10）判断是否所有机组的负荷范围已经全部计算过，即判断 $C\geqslant N-1$ 是否成立，如果不成立，则计算次数计数器 $C$ 加 1，即 $C=C+1$，跳转执行步骤（4），继续寻优计算。如果 $C\geqslant N-1$ 成立，则说明所有机组的负荷范围已经全部计算过，如果在过程中，找到过有效的 $P_{i\_min}$，则返回分配成功，否则返回分配失败；$P_{i\_min}$ 即是每台机组的最优的预分配负荷。

# 第四章

# 小水电效率监测和负荷优化分配系统架构

## 第一节　系统软件系统架构

小水电效益监测和负荷优化分配系统设计开发开放性和扩展性强，能实现数据采集和存储、专业分析和评估功能，并达到以下5个基本原则：

（1）标准化原则。依据设备状态监测标准规范建设，在数据规约、开发标准、通信协议等方面进行标准化设计，确保系统的技术一致性和可扩展性。

（2）兼容性原则。可实现不同系统的接入和处理。

（3）一体化原则。通过用户交互、应用功能、信息采集和整合、数据模型、技术架构等方面的一体化设计，实现一体化管理。

（4）开放性原则。采取适度超前、开放架构的策略设计系统，适用于不同架构系统的扩展。

（5）界面友好原则。界面简洁、操作方便、功能导航方便，人机交互方便友好。

系统的硬件设计主要由数据采集部分、数据存储和程序存储部分、人机接口部分和外部系统通信接口组成，主要包括下面4个功能：

（1）数据采集部分完成对所要采集量的采集功能。

（2）数据存储和程序存储部分完成对外部存储器的扩展，其中包括程序存储器和数据存储器。

（3）人机接口部分完成键盘和显示部分的功能。

（4）外部系统通信接口主要实现系统数据与外部高级运算程序的数据共享功能，为外部高级运算程序提供相应的基础数据。

系统平台具有如下特点：

（1）设计简单，所用元件少，花费小，经济实惠。

（2）功能多样。

（3）设计智能化，兼容性和扩展性好。

系统的软件架构如图4-1所示。

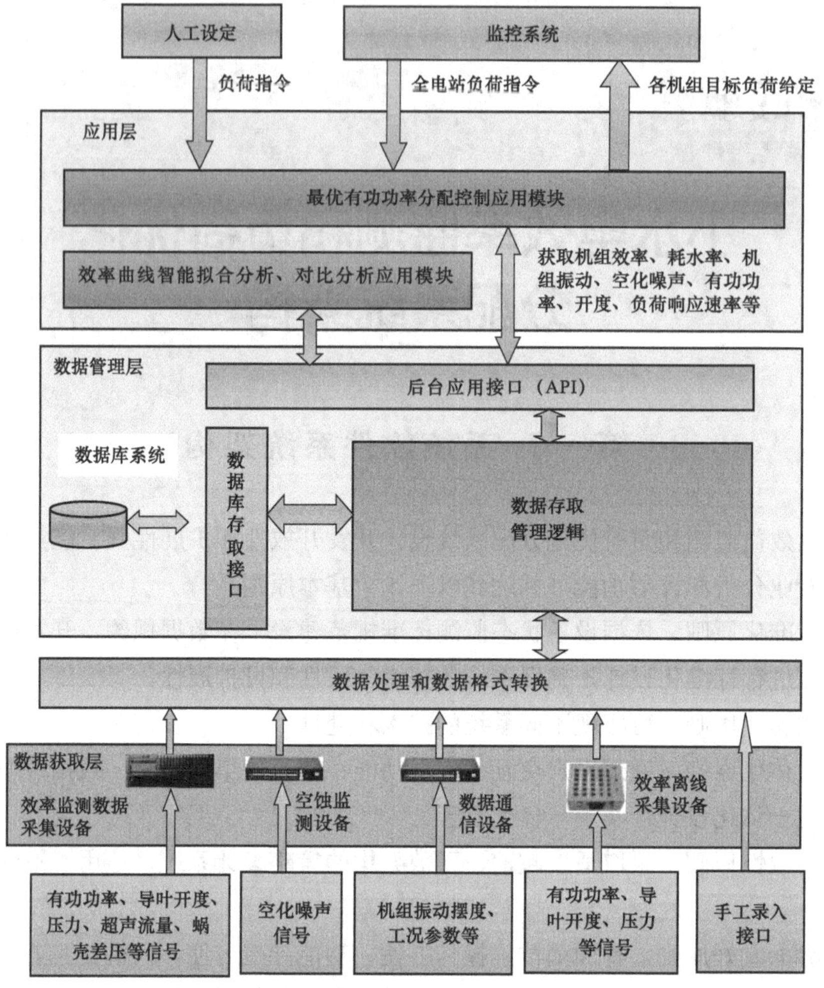


图 4-1　小水电效率监测和负荷优化分配系统软件架构示意图

# 第二节　架构说明

## 一、数据获取层

数据获取层是指以数据采集、数据通信或者手工输入方式获取所需要状态数据的软硬件模块，该模块中的数据包括压力数据、有功功率数据、流量数据、差压数据、空化噪声数据、温度数据、运行工况状态数据等。

主要有以下几种方式实现数据获取：

（1）通过在线的效率实时采集监测装置提供的模—数转换直接从现场安装的传感器中获取信号，包括在线测量机组压力、水位、有功功率、蜗壳差压、超声流量等，以及空蚀信号等。这些数据可以自动地通过网络系统实时传入拟合对比分析系统，并完成数据的自动化保存、整理和统计分析。

（2）通过数据通信方式实现专用信号的数据获取，主要包括机组温度、机组负荷、机组运行工况状态等，可以自动地通过网络系统实时传入拟合分析系统。

（3）离线测量的机组压力、水位、振动、摆度等数据可以通过导入软件导入到拟合分析系统，实现永久存储、整理和对比分析。

（4）人工录入接口，即通过人工录入其他拟合系统所需要的参数。

## 二、数据处理加工和格式转换层

数据处理主要指对数据获取层获得的基础数据进行特征提取，获得能反映设备运行状态和故障状态的关键特征参数，并对这些特征参数进行判定、趋势辨识，以实现对设备运行状态的监视、保护和趋势预测。

## 三、数据管理层

数据管理层主要完成实时数据的融合、存储、管理与发布，以及对历史数据的按需存储、发布。

（1）数据存取接口。系统可以使用多种数据库进行数据存取，数据存取接口用于读写各类实时数据库和关系型数据库。

（2）配置管理。对数据词典的增删维护和点表的绑定。其中，点表包括数据点对外可见的属性，包括名称、采集速率、长度、类型等。

（3）后台应用接口。为外部后台的分析诊断、管理等应用程序提供标准统一的数据访问接口。

（4）远程数据通信接口。为实现数据向远程监测及数据中心而提供的数据存取机格式转换接口，是实现远程数据传输的基础。

（5）数据存取管理逻辑。实现数据传输、存储、检索、发布等服务功能。

（6）实时数据库。为大量高密度数据采集提供的能支持快速、并行访问的数据库系统，特点是访问速度快，大量实时数据被存储到实时性数据库中。

（7）关系型数据库。对所有历史数据（包括高速波形信号）的永久性存储，特点是以计算机硬盘为介质，存储容量大。

## 四、应用层

应用层包括后台效率智能拟合分析、对比分析和最优负荷分配系统。包括：

（1）自动按照设定的方法，完成效率实时动态自校正的智能拟合，并拟合获得模型参数，传递到后台数据库系统，以提供给其他应用模块（如最优负荷分配算法）。

（2）包括后端监测、曲线拟合验证、对比分析等数据挖掘功能，完成效率数据的对比分析等功能。

（3）最优负荷分配模块。该模块接收监控系统实时传送来的全电站总负荷或者人工输入的负荷，根据效率测量及拟合分析系统提供的效率模型，以全电站流量最小为目标，结合各机组调节余量、各机组振动区、转轮空蚀状态、温度等状态，采用智能参数寻优算法获得全电站各机组的目标负荷，同时采用数据通信办法将各机组的目标负荷发送到电站监控系统，由监控系统完成各机组的负荷调节。

从应用层看，完整的应用层模块包括智能效率曲线拟合以及最优负荷分配。其中，智能效率曲线拟合输出的水头—负荷—效率的三维模型，恰恰是最优负荷配的基础。

## 第三节 数 据 流 图

小水电效率监测和负荷优化分配系统数据流图如图 4-2 所示，说明如下：

（1）效率采集计算处理过程、智能效率曲线拟合、最优负荷控制分配是整个系统的核心部分。

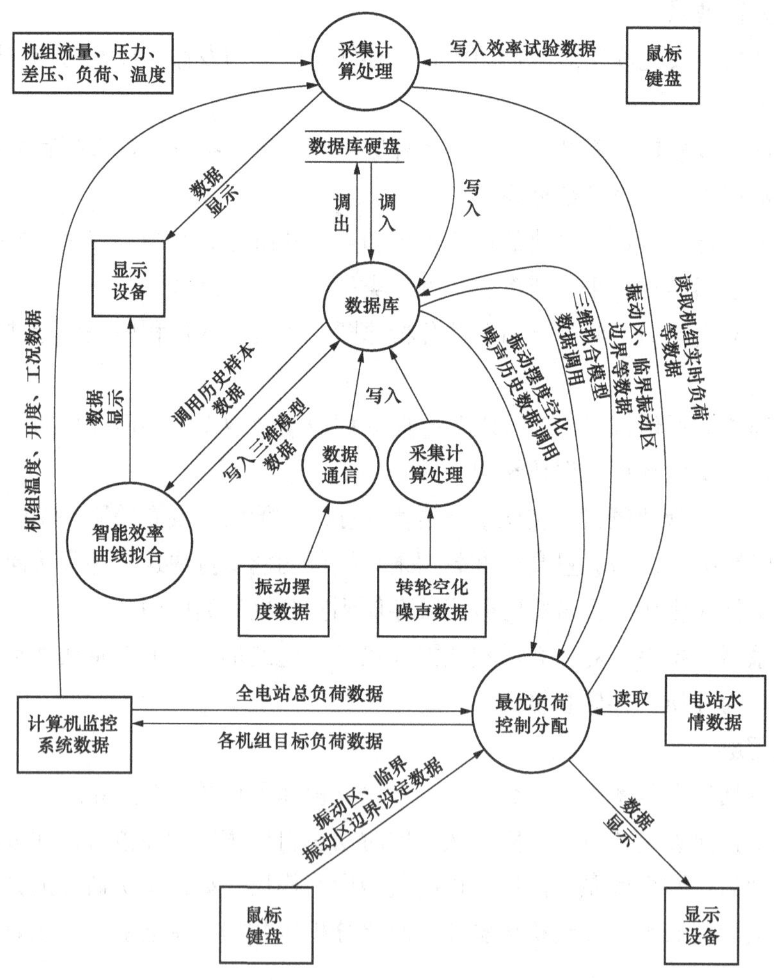


图 4-2　小水电效率监测和负荷优化分配系统数据流图

（2）机组流量、压力、温度、负荷等数据通过效率采集计算过程处理后获得效率、耗水率等数据指标，作为原始数据样本存储于机组在线监测数据库，同时实时数据传递到显示设备（显示器）进行显示；离线效率试验的数据通过人工输入设备（鼠标、键盘等）经效率采集计算过程处理汇总，也作为原始数据样本存储于机组在线监测数据库。

（3）计算机监控系统的负荷、温度、开度等工况数据经数据通信进入效率采集计算过程，处理后数据汇总存储到数据库。

（4）智能效率曲线拟合过程调用存储在数据库中的原始历史样本数据，经拟合计算后获得三维效率曲面模型数据，并将该模型数据存储到机组在线监测的数据库中；获得的模型数据经过加工后传递到显示设备（显示器）进行显示。

（5）机组振动摆度监测装置的实时数据经由数据通信过程采集，并存储到机组在线监测的数据库中。

（6）机组转轮空化噪声数据经由数据采集计算处理过程获得，存储到机组在线监测的数据库中。

（7）最优有功功率控制分配过程通过通信过程采集到全电站目标总负荷数据，并从在线监测数据库中获得振动摆度、噪声强度等历史数据以及效率三维曲面拟合模型数据，电站水情数据通过实时通信获得，在获得上述数据后，经最优负荷分配过程计算获得各机组目标负荷数据，并通过数据通信传递到计算机监控系统，分配的结果数据等也通过显示设备（显示器）显示。

（8）人工设定的振动区、临界振动区等边界数据通过人工输入设备（鼠标、键盘等），传递给最优有功功率控制分配过程使用，同时也由该过程存储数据库。

# 第五章

# 小水电效率监测和负荷优化分配软件功能

## 第一节　效率实时采集监测系统软件设计

### 一、功能设计

效率实时采集监测系统的功能设计框图如图 5-1 所示。

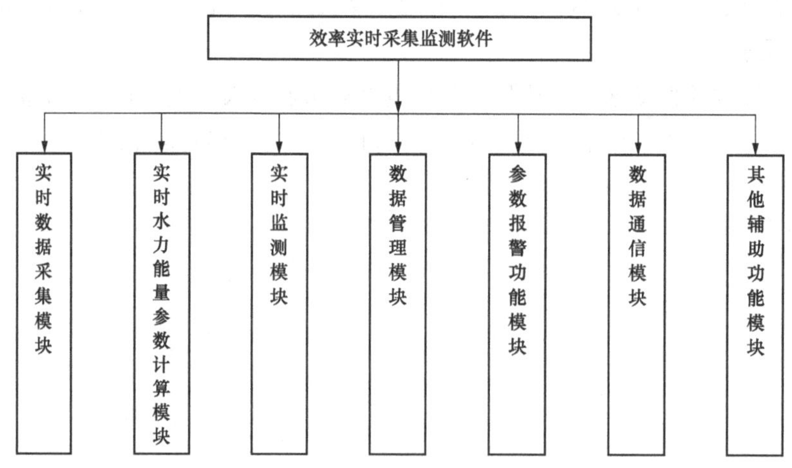


图 5-1　效率实时采集监测系统的功能设计框图

（1）实时数据采集模块主要完成机组有功功率、压力、流量、温度等基础数据的自动化采集过程。

（2）实时水力能量参数计算模块根据实时数据采集的基础数据，进行效率、耗水率等水力能量指标的计算。

（3）实时监测模块是对各种基础数据、计算后的指标数据以各种形式（包括图表、曲线）进行实时展示。

（4）数据管理模块完成对采集、计算后数据的接入、存储、压缩、格式转换等任务。数据存储采用数据压缩技术，在保证数据精度的条件下，提供压力、振动、摆度数据高压缩比的数据压缩，使得数据的存储效率和传输效率大大提高。

（5）数据通信模块通过 RS232、RS485、TCP/IP 等方式与外部系统（主要指计算机监控系统）进行数据交换，如从计算机监控系统读取有功功率、温度等参数，而机组效率、耗水率等参数则通过通信方式传送给计算机监控系统。

（6）参数报警实现对机组效率、温度、振动信号幅值、频率、相位的多变量远程越限报警功能。

（7）其他辅助功能模块包括基础参数设定、GPS 对时功能、系统安全功能等辅助功能以及其他辅助性计算工具模块。

## 二、水力能量参数计算模块

水力能量参数计算模块是核心模块之一，其通过实时采集的基础压力、温度、功率等数据计算获得实时的机组效率、耗水率等。本模块的关键点在于采用合理的数据滤波、工况判定等运用水密度校正算法计算获得较为准确的效率、耗水率参数。

## 三、实时监测模块

实时监测是指对机组当前的运行状态进行同步监视和显示，以数值、曲线、图表等各种形式，将机组的各种状态分析数据，通过多个不同的页面展现给用户。

效率在线监测系统提供对机组当前的运行状态进行同步监视和显示的功能，以数值、曲线、图表等各种形式，将机组的各种状态分析数据，通过多个不同的页面展现给用户。实时监测系统同时会将各通道的报警状态在监测终端同步显示，电站运行人员可以根据这些状态判定是否需要检修维护人员参与机组检查调整。

### （一）在线监测系统支持的监测显示参数

在线监测系统支持的监测显示参数如表 5-1 所示。

**表 5-1　在线监测系统支持的监测显示参数**

| 分　类 | 监　测　参　数 |
| --- | --- |
| 水力能量参数 | 过机流量、机组（相对）效率、耗水率等 |
| 工况过程参数 | 机组转速、有功功率、无功功率、转子电流、转子电压、导叶开度、水头、发电机出口断路器状态等 |
| 机组温度 | 各导轴承瓦温、推力轴承温度、油温、定子温度、冷却器温度等 |
| 机组轴系及机架状态 | 各机架振动、大轴各部位摆度、机组轴线动态弯曲量、弯曲方位角度 |
| 过流部件状态 | 各点压力及压力脉动值 |
| 定转子气隙状态 | 各磁极动态气隙值、各方位平均气隙、定子圆度、转子圆度、定转子相对偏心、最小气隙、最大气隙 |
| 磁通量状态 | 各磁极动态磁场强度值、各磁极动态场强相对差、转子磁极磁场强度不均匀度、最大场强、最小场强 |
| 机组空化噪声状态 | 各测点噪声强度、各测点归一噪声强度、各测点噪声脉冲统计重复率、有效噪声强度累积值 |

### （二）监测画面

在线监测系统提供丰富直观的、可组态的多个监测画面，从不同的角度分层次展现机组的状态信息，如表 5-2、图 5-2、图 5-3 所示。

表 5-2　　　　　　　　　在线监测系统提供监测画面

| | |
|---|---|
| 机组概貌图 | 水力能量参数监测图 |
| 数值表图 | 轴心轨迹图 |
| 棒图比较图 | 压力脉动图 |
| 机架振动图 | 短时趋势跟踪监测 |
| 空间轴线图 | 轴向振动图 |
| 定转子气隙圆 | 磁极轮廓图 |
| 磁极气隙图 | 磁极磁通量图 |
| 场强比较图等 | 局部放电监测图 |
| 局部放电二维（$N$–$q$）分布监测 | 空化噪声趋势跟踪图 |
| 空化振动频谱监测图 | |

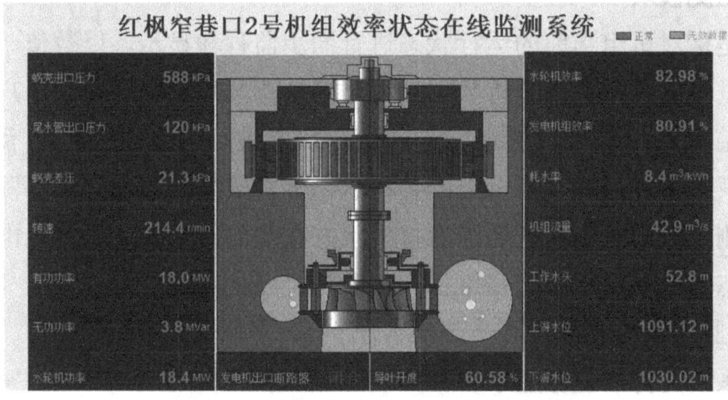


图 5-2　红枫窄巷口 2 号机组实时系统概貌图监测

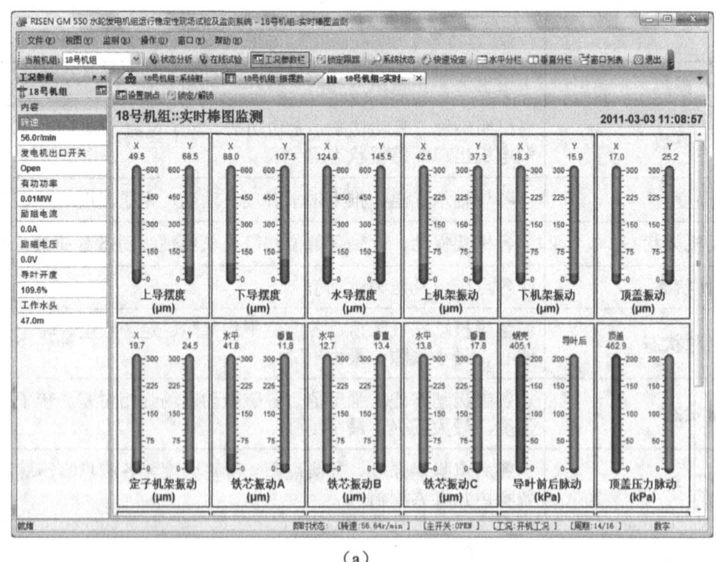


（a）

图 5-3　在线监测系统提供的部分监测画面（一）

（a）实时棒图监测

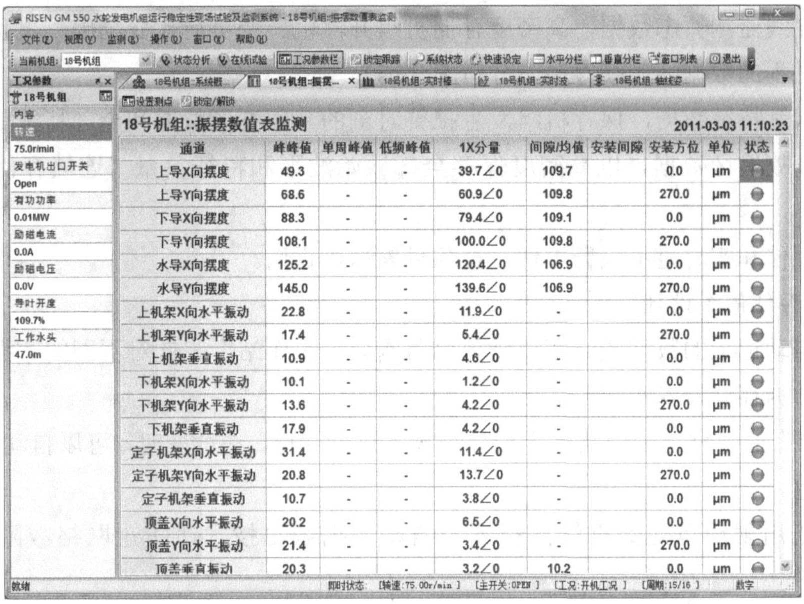

(b)

图 5-3 在线监测系统提供的部分监测画面（二）
(b) 实时振摆数值表

（三）其他特性

在线监测系统其他特性如表 5-3 所示。

**表 5-3** 监测系统其他特性

| 画面刷新频率 | ≤3s |
|---|---|
| 画面用户编辑组态 | 可以自由组态，并提供专门画面组态软件 |
| 监测显示方式 | 现地采集系统显示屏+局域网用户终端+远程授权用户终端 |
| 监测软件形式 | 专用客户端软件方式 |
| 打印 | 支持画面打印 |

## 四、数据管理功能模块

### （一）在线数据记录策略

效率采集监测软件从实际的应用出发，设计出一套能够满足在线监测的存储策略，实现有效状态信息的自动记录，包括开停机过程、稳态过程、工况波动过程、故障数据。

（1）在线监测实时数据，存储机组当前运行的状态数据、水力能量参数。

（2）在线监测的稳定工况效率、耗水率等数据，在负荷、开度稳定后记录，具有等时间间隔和报警触发、功率变化等多种存储策略，等时存储时间间隔默认为 20min（可调）。

（3）在线监测的其他稳态工况数据，在负荷、开度稳定后记录，具有等时间间隔和报警触发、功率变化等多种存储策略，等时存储时间间隔默认为 20min（可调）。

（4）在线监测暂态数据，高密度存储机组开停机、变负荷、变励磁、甩负荷过程、事故停机过程的数据（连续存储，分辨率 2ms）。

（5）异常特征数据，保存机组发生报警时刻的全部波形数据和全部特征数据。

（6）事故追忆数据，以高密度保存全部原始波形和特征参量（连续存储，分辨率 1ms）。

（7）存储和实时显示报警事件，按条目累积可查询。

（二）存储体系设计

（1）自动记录的数据统一存储到效率监测分析工作站上。针对不同的数据，分别采用不同的数据存储技术实现。

（2）所有的数据都采用高效无损压缩技术进行存储，在读取时，可以自动地高保真、快速地还原。

（3）采用现地单元数据缓冲技术及自动数据恢复技术，防止网络故障引起数据丢失。

（4）系统提供增量方式自动备份功能，以防止计算机故障导致数据库文件损坏。

（5）历史数据具备自动稀疏功能及手动稀疏功能。

（三）数据导出功能

（1）所有数据记录，可实现移动硬盘导出，多种备份方式可选。

（2）所有在线测量记录数据，可以通过在线分析软件导出到 Excel 表格或者文本文件中。

## 五、参数报警模块

从实际出发，在效率在线监测系统的实时监测报警模块中设计一套灵活多样的报警规则设置程序，在报警限值的选择上不采用“一刀切”的办法，而是采用更实际的方法，针对不同机组采取个性设计。在标准的使用上，综合参照已有的国内外标准。

（一）可用于报警的指标参数

（1）水力能量参数，如效率、耗水率等。

（2）压力及压力脉动、差压等。

（3）其他被接入在线测量系统的温度、振动等参数。

（二）参考标准

DL/T 507—2014　《水轮发电机组启动试验规程》

GB/T 15468—2020　《水轮机基本技术条件》

SL 321—2005　《大中型水轮发电机基本技术条件》

GB/T 17189—2017　《水力机械（水轮机、蓄能泵和水泵水轮机）振动和脉动现场测试规程》

（三）报警的梯级设计

按照一级报警、二级报警和停机三级设置。

（四）报警策略

1. 稳态运行报警设计

科学评估机组稳态运行时的振动状态，需要合理选择振动限值和设计逻辑规则。

（1）机组运行在非调节过程。

（2）报警限值依照振动区和非振动区分别设置。

（3）报警限值依据机组的安装调试情况、实际振动状况和国内外相关的标准确定。

（4）在设立报警限值之前，需要对机组的振动情况作一次全面评估。

（5）报警逻辑规则的设计不采用统一标准，而是根据机组振动特点量身打造。

（6）报警参数设计主要选定振动、摆度和发电机气隙量。

2. 过渡过程报警设计

机组在过渡过程中经常会暴露出许多振动问题，过渡过程往往成为机组发生危险的工况，因此，对机组过渡过程的振动展开研究，探寻其振动规律，积累经验，设置有效的报警限值，具有重要意义。

（1）选择开机过程和停机过程进行报警设置，也可以根据用户的需要增设特定的过渡过程进行报警设置。

（2）报警限值依据机组的安装调试情况和实际振动状况确定。

（3）在设立报警限值之前，需要对机组的振动情况作一次全面评估。

（4）报警逻辑规则的设计不采用统一标准，而是根据机组振动特点量身打造。

（5）报警参数设计主要选定振动、摆度、转速和发电机气隙量。

（五）报警输出

（1）当有报警事件发生时，软件系统自动记录报警事件和报警发生时参量特征值，并记录全部报警事件发生时刻的全部相关数据，以供分析诊断使用；该报警事件可以在各终端分析、诊断软件的事件日志中浏览查询。

（2）监测画面文字或变色图标显示。

（3）各客户端模拟光字牌形式自动弹出报警事件。

（4）支持开关量继电器输出。

## 六、数据通信功能模块

实时采集软件能够方便地与电厂监控系统、电厂 MIS 系统、生产信息管理系统、远程诊断分析中心或者其他测量装置（如局放检测装置、变压器油色谱在线监测装置）进行双向数据通信，以实现数据共享。

软件系统能够通过通信方式从监控系统获取诸如瓦温、油温、定子温度等参数，以便对数据进行综合分析；可以将状态监测系统测量得到的机组效率、耗水率、摆度、振动、压力脉动等参数和报警信息传送到监控系统中。

软件系统可以将其他测量装置的数据集成到状态监测系统中，并利用软件系统提供的强大分析功能，完成较为深入和细致的分析诊断，扩展原有装置的功能。

如表 5-4 所示为系统支持的通信规约。

**表 5-4　　　　　　　　　　　　系统支持的通信规约**

| 序号 | 通信方式 | 通　信　规　约 |
|---|---|---|
| 1 | RS232/RS485 | 1. Modbus-RTU（主站、从站）。<br>2. CDT（循环远动通信规约）。<br>3. 南瑞 NC2000 外部设备传送规约。<br>4. 水科院 H9000 串行通信规约。<br>5. 其他自定义规约需要厂家配合 |
| 2 | 以太网 | 1. Modbus-TCP（主站、从站）。<br>2. 自定义的 TCP/IP 协议需要厂家配合 |
| 3 | 其他方式 | 1. Iris 公司 HydroTrac 局放仪通信（数据库方式）。<br>2. Iris 公司 HydroGuard/GenGuard 系统通信（数据库方式） |

## 七、其他辅助功能模块

（1）水温—压力—水密度插指表设定模块，如图 5-4、图 5-5 所示。

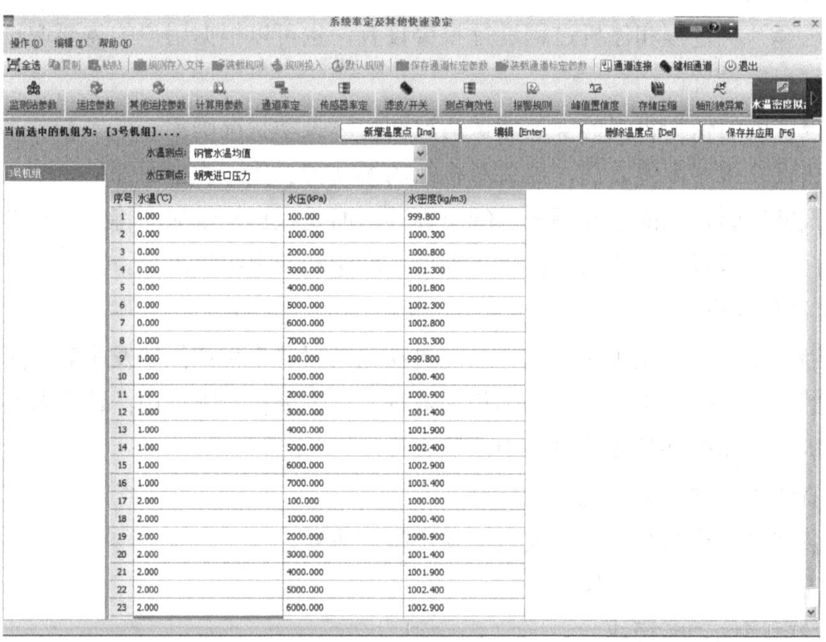


图 5-4　水温—压力—水密度插指表设定模块

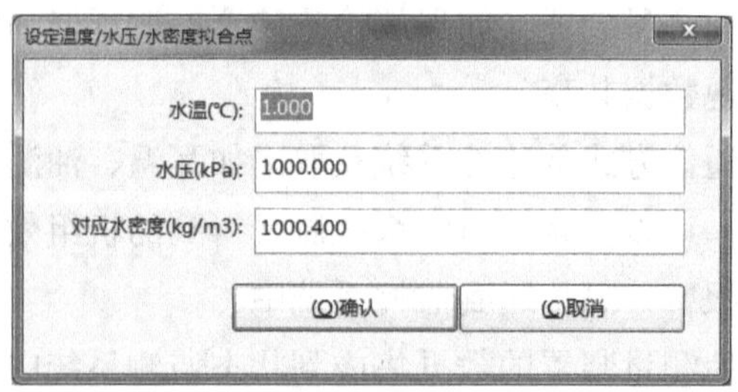


图 5-5　模块水温—压力—水密度设定

（2）效率计算相关参数设定模块，如图 5-6 所示。

图 5-6　效率计算相关参数设定模块

（3）机组基础参数设定模块设定机组的基础参数数据，如图 5-7 所示。

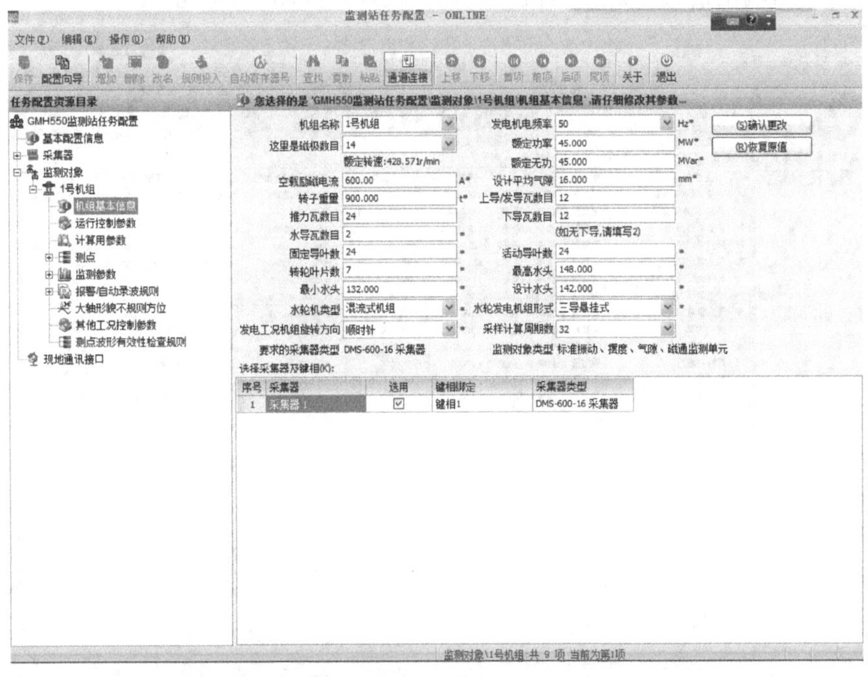


图 5-7　机组的基础参数数据设定

（4）运行控制参数设定模块，（稳态）工况判定参数、数据稀疏设定等，如图 5-8 所示。

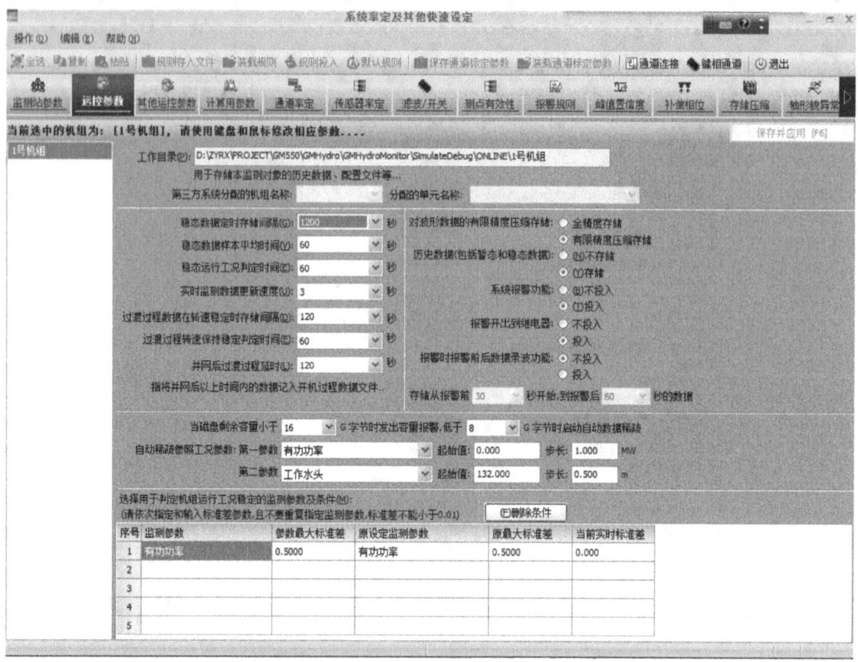

图 5-8　运行控制参数设定模块

（5）传感器输出信号零点和增益补偿设定模块，如图 5-9 所示。

图 5-9　传感器输出信号零点和增益补偿设定模块

（6）机组效率辅助计算工具模块，如图 5-10 所示。

图 5-10 机组效率辅助计算工具模块

（7）报警规则编辑功能：提供报警规则的编辑功能。

（8）监测画面组态功能：提供用户对监测画面的增加、删除、编辑功能。

（9）软件系统支持 GPS 对时，现场要求同步条件高时可直接采用电站对时信号。

（10）事件日志：软件系统事件日志是对机组运行过程中报警、工况变化事件以及自动诊断结论的记录。在事件日志模块中，以流水账的形式展现给用户，以便用户分析跟踪。

（11）软件系统完全可以保证如下的数据输出功能：

1）所有数据可以下载导出到其他磁盘文件，这些文件可以被 Excel 等电子表格程序识别，并利用其进行各种曲线、图表的绘制。

2）所有数据以及曲线、图表可以在线被复制、粘贴到 Word 文档中去，以方便各种文档编制。

3）所有数据以及曲线、图表可以在线打印。

4）智能分析评价系统获取的报告可以和 Word 完全兼容（包括图形和数据），可以另存为.doc 文件，供用户添加经验评定意见。

## 第二节 效率曲线智能拟合分析系统

### 一、功能设计

效率曲线智能拟合分析系统的功能设计框图如图 5-11 所示。

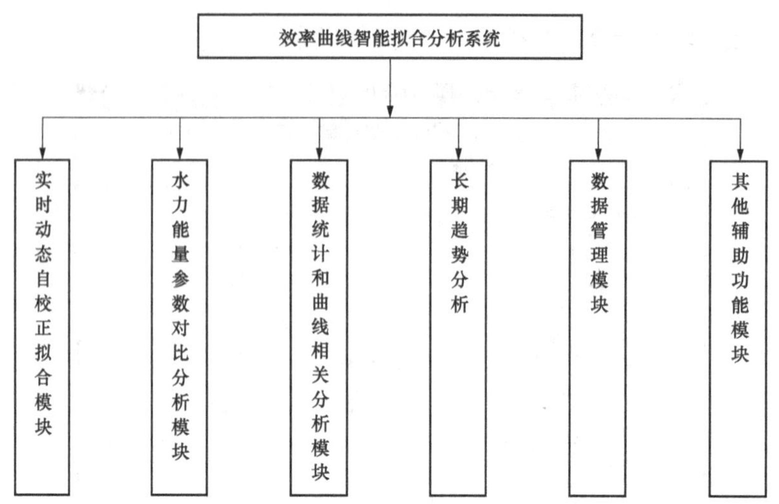


图 5-11　效率曲线智能拟合分析系统的功能设计框图

本软件模块的主要功能是利用在线效率测量系统获得的基本效率样本数据以及在真机上通过离线效率试验获得的基本样本数据，通过有效的智能曲线拟合获得任意有效水头、出力下的效率数据，寻找到最有效率区域，以满足最优负荷分配的要求。具体功能要求工作如下：

（1）根据包括模型机组试验换算得来的效率特性曲线以及真机实测获得的效率曲线数据建立典型样本效率曲线数据库。

（2）根据效率测试平台采集实时测量的机组效率及离线采集的效率数据实现曲线智能拟合分析功能。根据该效率数据、机组负荷、水头、导叶开度等数据基于智能算法自动拟合出不同特点的小水电机组的综合特性曲线，并根据曲线研究出其最优效率区域。

（3）提供多种多维曲线拟合分析模型，以适应复杂的应用环境、复杂的系统结构和不同用户的特殊应用和配置要求，确保系统具有技术先进、符合标准、通用可靠、可扩展、便于升级、易于配置、适应用户定制和自行扩展等特点。

（4）机组效率曲线拟合分析模型可运用多种方法实现，并可以进行对比。

（5）模型通过采集平台样本数据可以进行外部计算设备单独安装、运算。

## 二、实时动态自校正智能曲线拟合模块

本模块是核心模块之一，其利用在线效率测量系统获得的基本效率样本数据以及在真机上通过离线效率试验获得的基本样本数据，通过定时或者满足一定条件下能自动重新拟合计算的方法，建立动态的高精度、小误差的水头—出力—效率的三维模型，具有如下特点：

（1）用于拟合计算的水头、出力、效率、耗水率样本既可以是在线测量系统自动测量获得而存入数据库中的数据，也可以是真机离线数据通过人工录入到系统的样本数据。

（2）其启动计算过程和拟合计算过程是自动进行的，当然也可以由人工强制启动计算过程。

（3）自动启动的条件可以是样本增量条件、定时条件以及误差控制模型条件，在满足这3个中的任一条件时，程序会自动进行重新拟合计算，重新获得一个三维模型。

（4）在进行拟合时，要对原始的样本数据进行归一化及加权平均处理，以获得一组准确的样本数据，在对原始样本进行加权平均时，需要兼顾误差噪声处理能力和模型对机组真实效率变化的跟随敏感性。

（5）拟合系统最终输出的是一个具备一定跟随性的、较高精度的水头—出力—效率三维模型数据，该模型数据将提供给最优负荷分配模块，实现对全电站水能利用率的最优调度。

## 三、水力能量参数对比分析模块

本模块是根据智能拟合模块获得水头—负荷—效率等三维模型之后实现各类对比，包括：

（1）水轮机运转特性曲线。

（2）水头—负荷—效率三维曲线（曲面）。

（3）水头—负荷—耗水率三维曲线（曲面）。

（4）水头—负荷—流量三维曲线（曲面）。

（5）水头—导叶开度—效率三维曲线（曲面）。

（6）水头—导叶开度—耗水率三维曲线（曲面）。

（7）水头—导叶开度—流量三维曲线（曲面）。

根据真机测试数据采用智能拟合算法获得水头—负荷—效率三维曲面、水头—负荷—耗水率三维曲面、水头—负荷—流量三维曲面分图如图5-12、图5-13、图5-14所示。

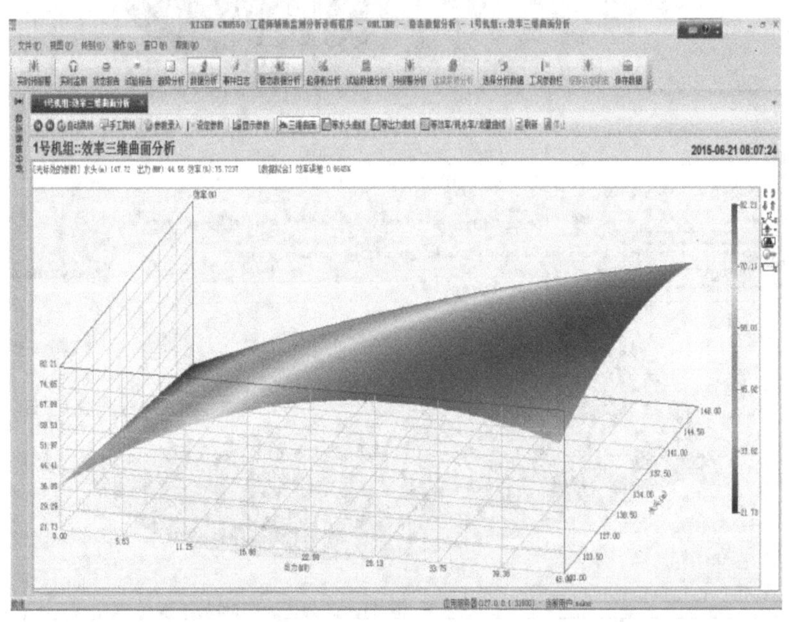


图5-12 水头—负荷—效率三维曲面（一）

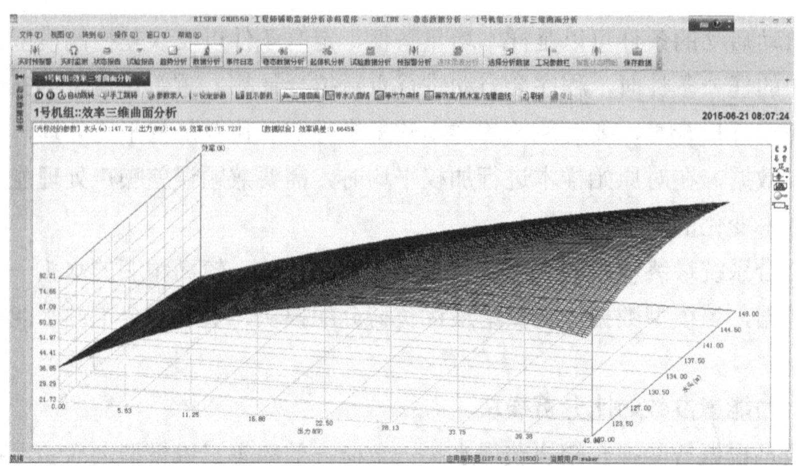

图 5-12　水头—负荷—效率三维曲面（二）

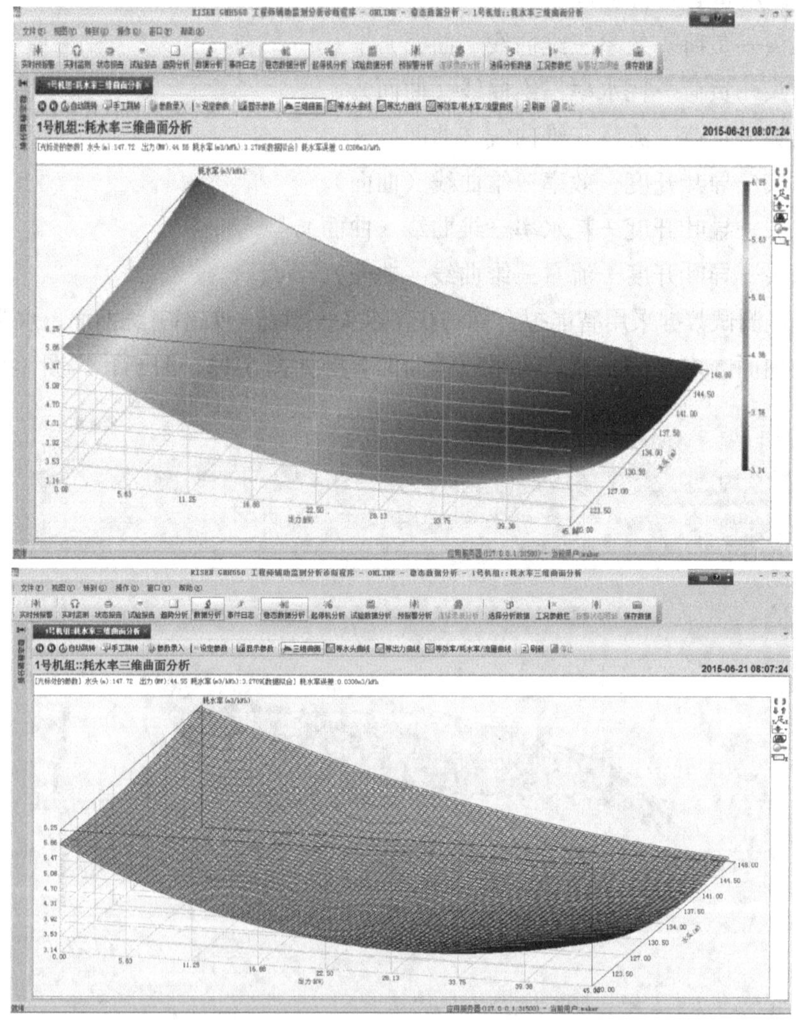

图 5-13　水头—负荷—耗水率三维曲面

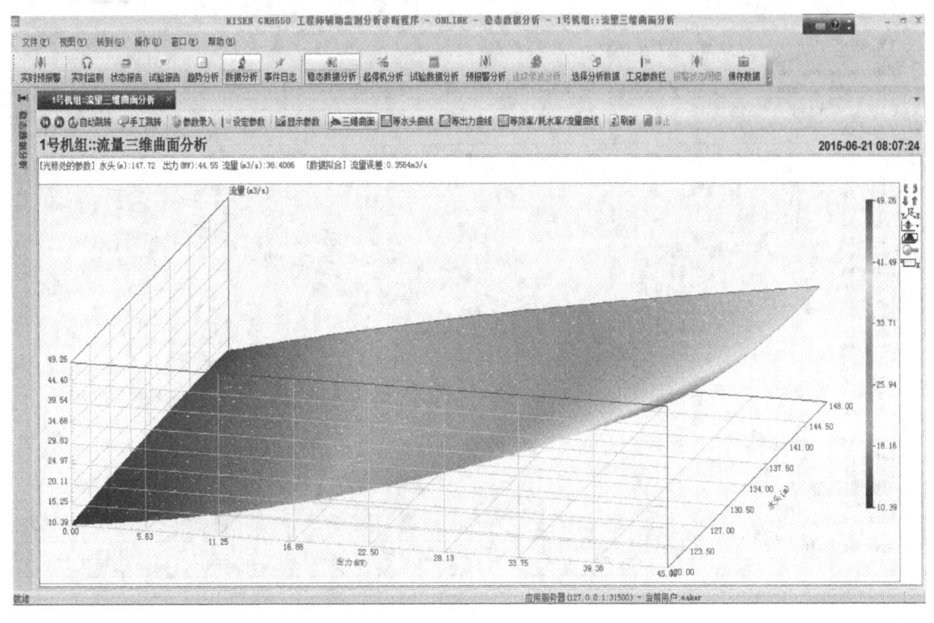


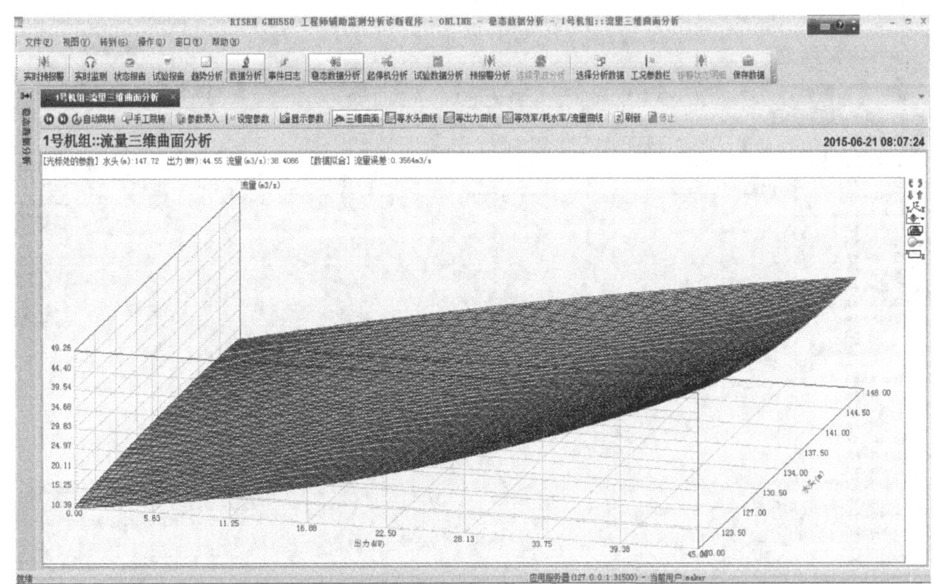


图 5-14 水头—负荷—流量三维曲面

根据拟合曲面绘制的不同水头下的等水头—负荷—效率曲线（簇）、等水头—负荷—耗水率曲线（簇）如图 5-15 所示。

根据拟合曲面绘制不同出力下的等出力—水头—效率曲线（簇）、出力—水头—耗水率曲线（簇）如图 5-16 所示。

根据拟合曲面绘制的等效率水头—出力曲线（簇）、等耗水率水头—出力曲线（簇）如图 5-17 所示。

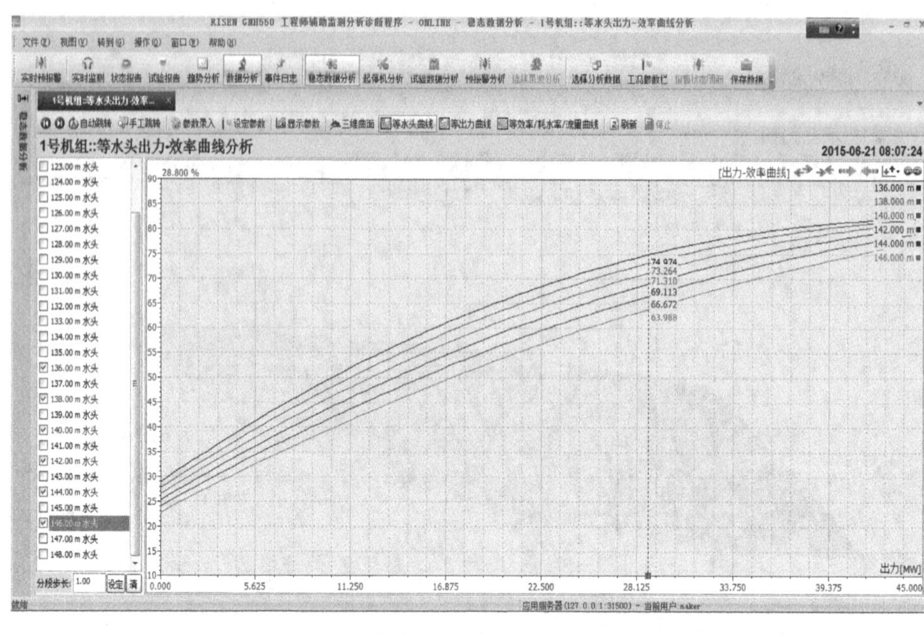


（a）

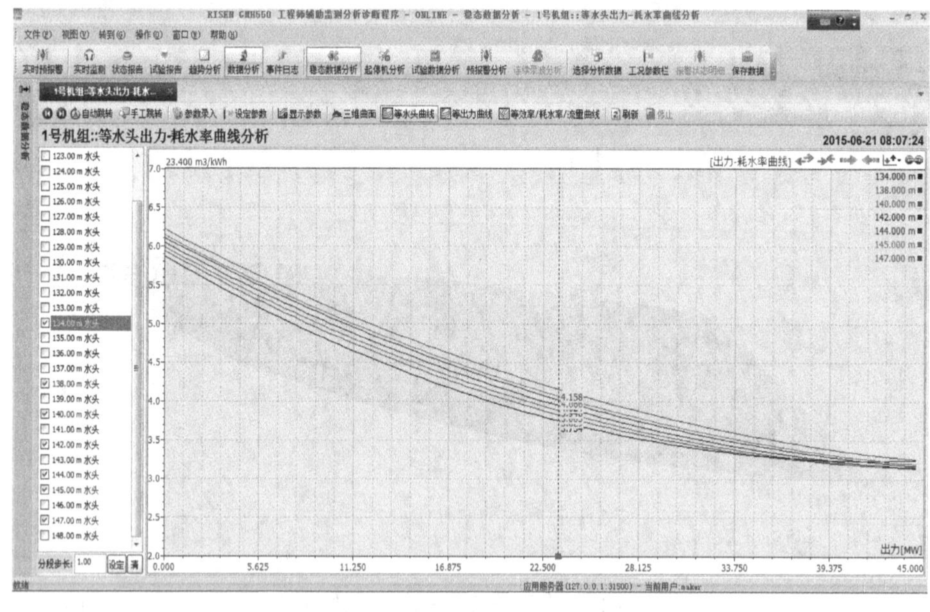


（b）

图 5-15　等水头—负荷—效率曲线（簇）/耗水率曲线（簇）

（a）等水头—负荷—效率曲线（簇）；（b）等水头—负荷—耗水率曲线（簇）

## 四、数据统计和曲线相关分析模块

数据统计分析功能指系统将已经存储的历史数据，经过某些特定的算法进行加工，以曲线、图形、表格、文字的形式提供给分析人员，帮助用户分析机组的运行状况以及发现故障。主要包括以下分析统计功能：

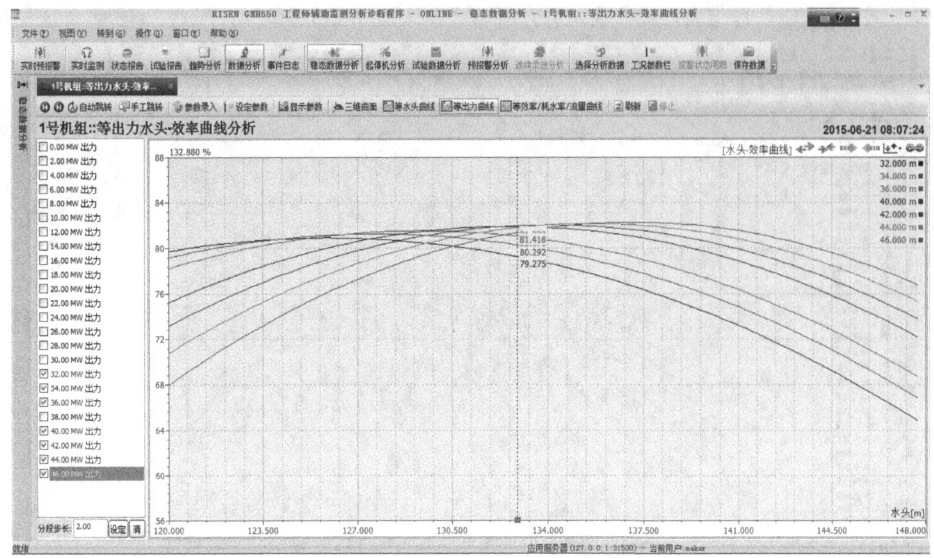


（a）

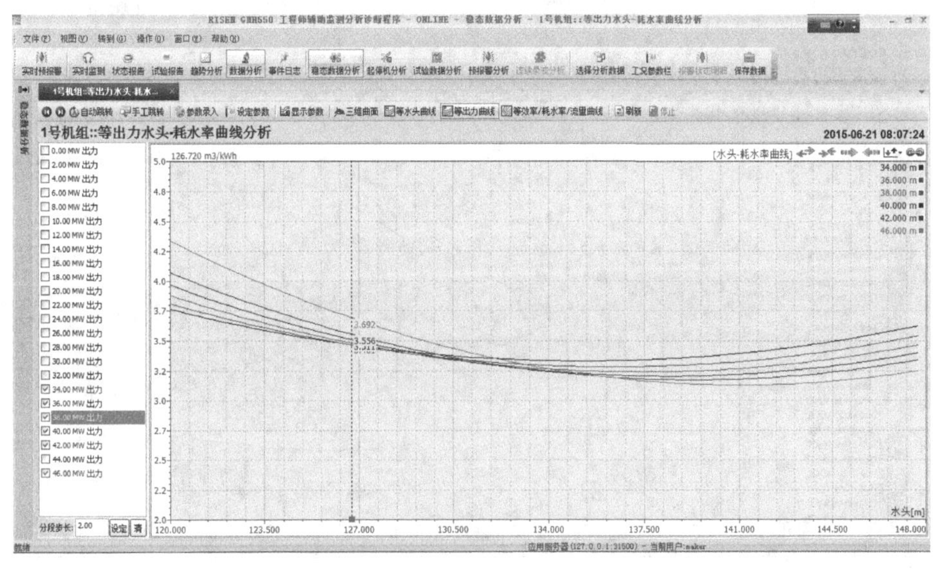


（b）

图 5-16　等出力—水头—效率曲线（簇）/耗水率曲线（簇）

（a）等出力—水头—效率曲线（簇）；（b）等出力—水头—耗水率曲线（簇）

（一）分析系统软件提供的统计分析模块

（1）提供对累计水量、累计发电量、水能利用率、累计下水量等值的统计计算功能。

（2）功率曲线统计，可进行月、年统计且可指定时间区间。

（3）效率曲线统计，可进行月、年统计且可指定时间区间。

（4）过去所有时间每台机组的日、月、年发电量和所有机组合计日、月、年发电量，以及每台机组和所有机组总发电量。

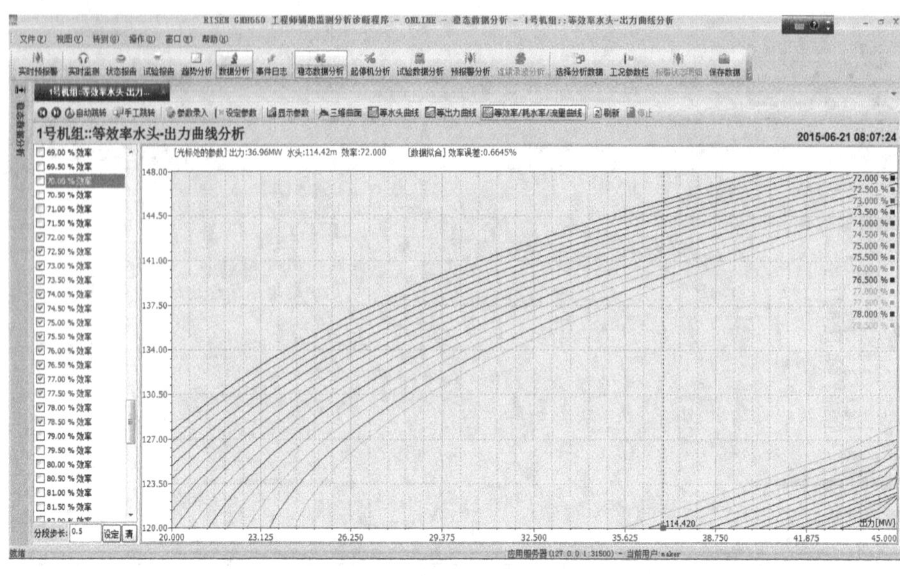


(a)

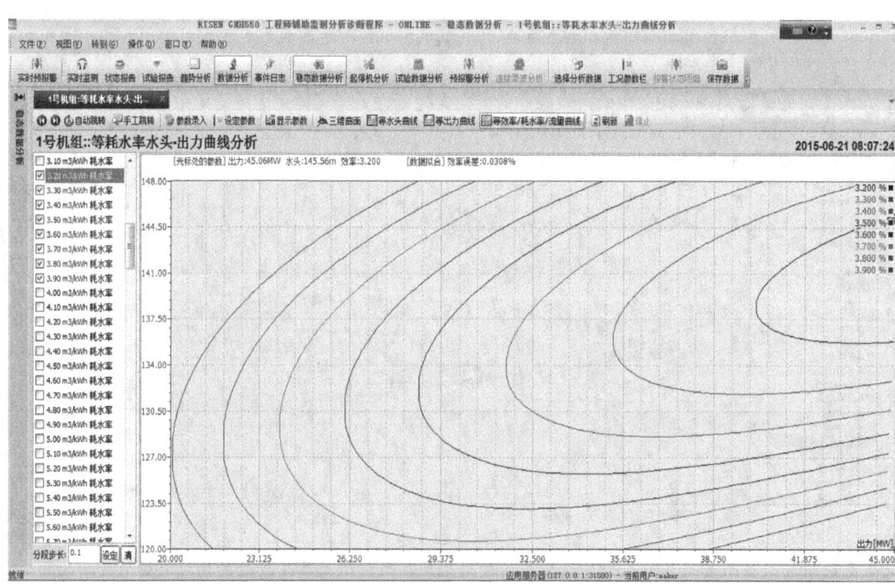


(b)

图 5-17　等效率水头—出力曲线（簇）/等耗水率水头—出力曲线（簇）

（a）等效率水头—出力曲线（簇）；（b）等耗水率水头—出力曲线（簇）

## （二）汇总显示功能

汇总显示各电站设备的发电量、实时状态以及报警状态等，包括：

（1）累计发电量统计。

（2）各电厂稳定性数据评价对比表。

（3）各电厂机组振动摆度统计评价表。

（4）其他用户要求的统计表。

（三）相关分析功能

分析系统软件提供多种相关分析，包括以下的相关分析模块：

（1）效率与机组空化强度相关性分析。

（2）效率与机组振动摆度相关性分析。

（3）效率与机组温度相关性分析。

（4）流量与机组空化强度相关性分析。

（5）流量与机组振动摆度相关性分析。

（6）流量与机组温度相关性分析。

（7）其中相关对比参数可以任意选择。

如图 5-18～图 5-20 给出示例。

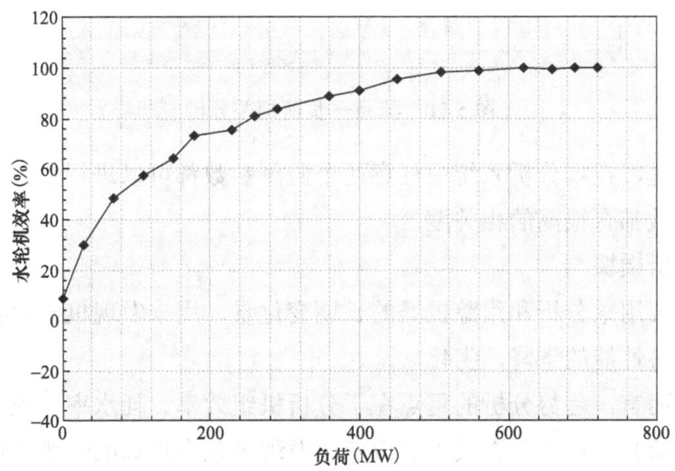


图 5-18 机组效率—负荷关系相关分析

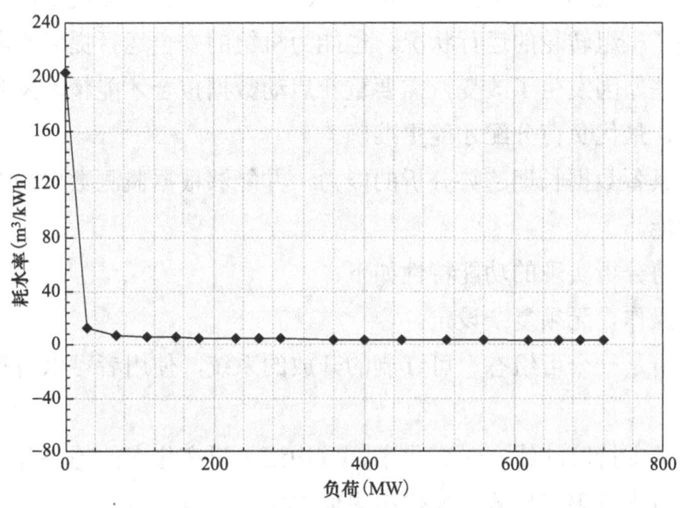


图 5-19 耗水率—负荷相关分析

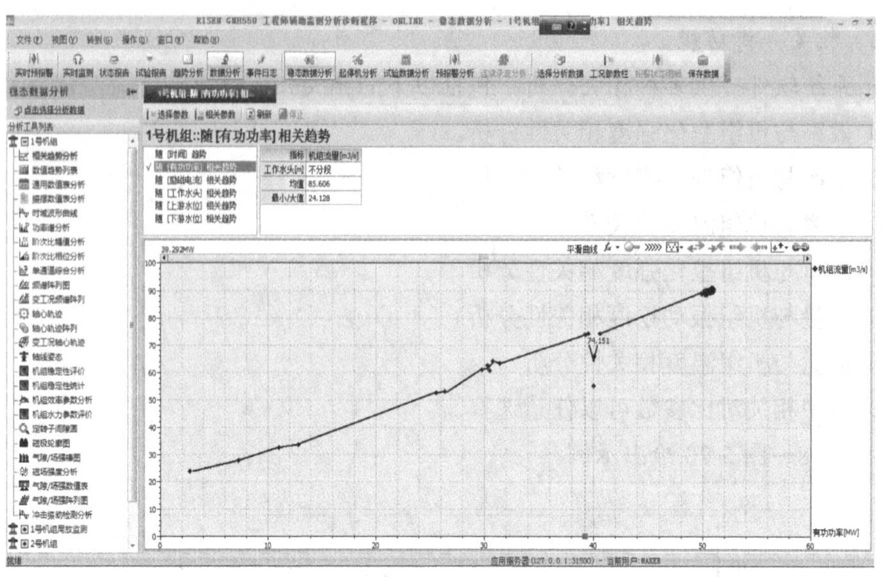

图 5-20　流量—负荷相关分析

需要说明的是，在本分析系统中任意两个监测参数都可以进行相关分析，但不是任意的两个监测参数都有很高的相关度。

## 五、趋势分析模块

趋势分析主要用来分析和跟踪机器的长期变化量，用来发现机器设备性状的缓慢变化，及早发现设备性能的下降、劣化。

对于本系统而言，趋势分析的重点在于分析机组效率、耗水率、流量等指标在同样工况（水头、负荷）条件下是否发生了改变。发现这几个指标的趋势变化有以下两个现实的意义：

（1）机组的真实效率由于某些原因发生了改变，这些原因可能是转轮空蚀导致的，从一个侧面反映了机组转轮的运行状况，也能为机组的安全运行提供参考依据；

（2）由于某些原因发生了改变，需要重新启动数据拟合才能精确反映真实的水头—负荷—效率模型，最优负荷分配才能更准确。

本分析系统具备数据长期趋势分析的能力，并能够根据监测数据的变化，提供设备运行趋势预判功能。

本系统的趋势分析实现的功能特性如下：

（1）一键式操作，无须复杂设定。

（2）趋势分析是一个可组态、可订制的开放的系统，使用者可以自行增加新的趋势分析组态。

（3）每个参数支持时均线、时变化率、日均线、日变化率的趋势分析。

（4）趋势分析支持限值检测、变化率限值检测。

如图 5-21～图 5-24 给出示例。

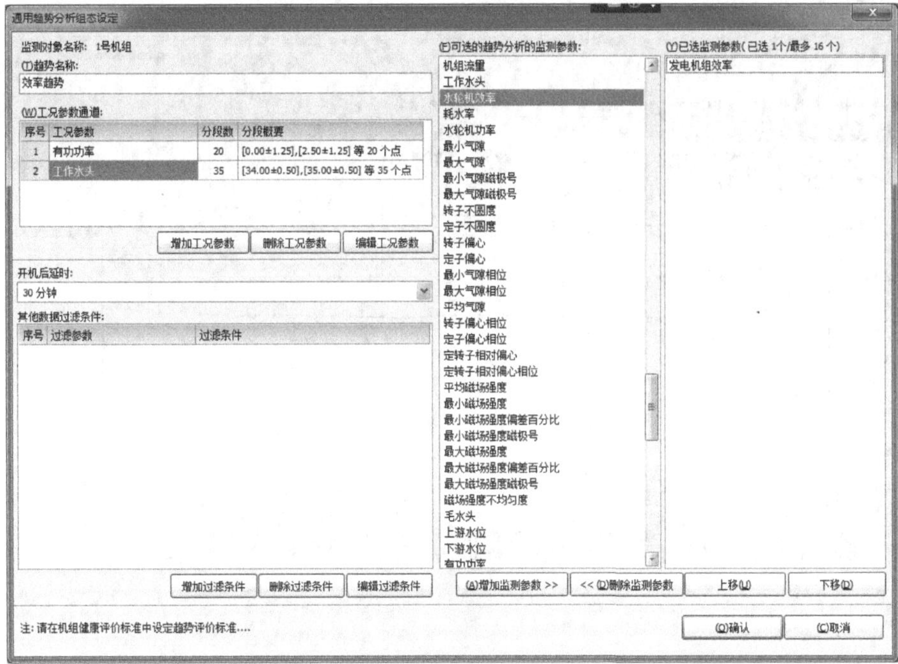


（a）

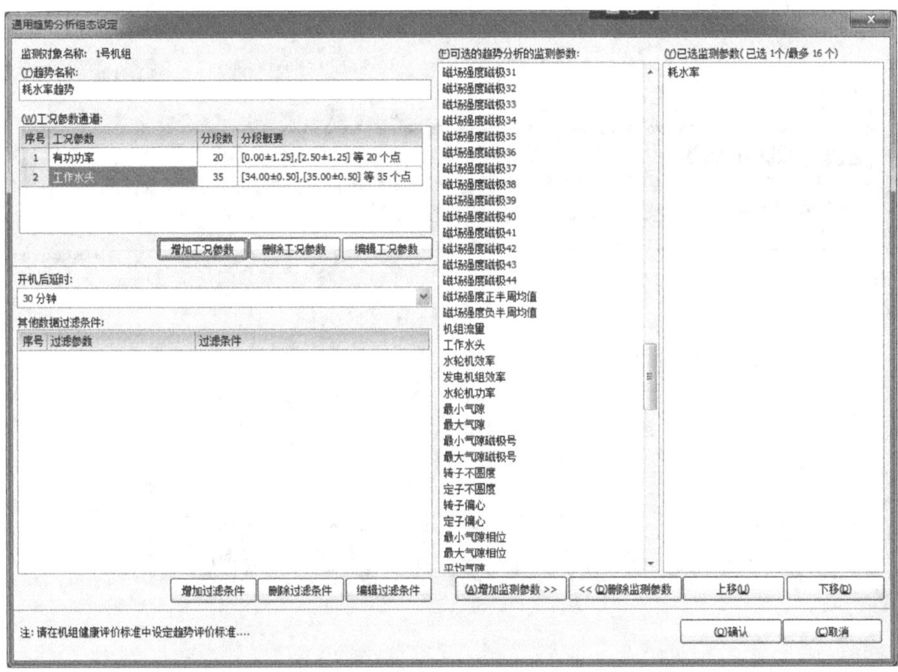


（b）

图 5-21　效率/耗水率趋势分析的组态画面

（a）效率趋势分析的组态画面；（b）耗水率趋势分析的组态画面

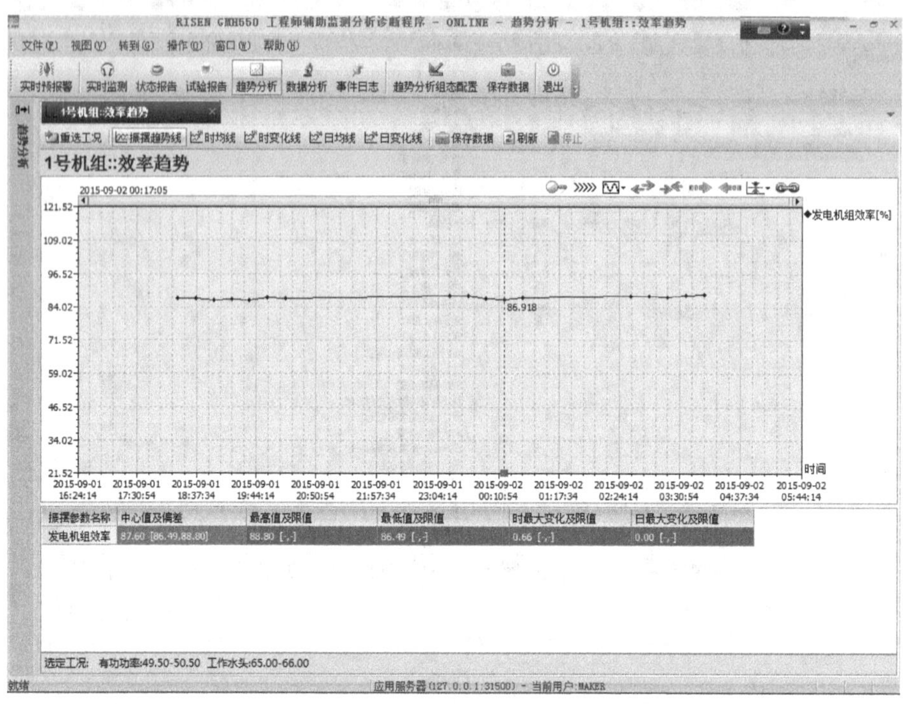

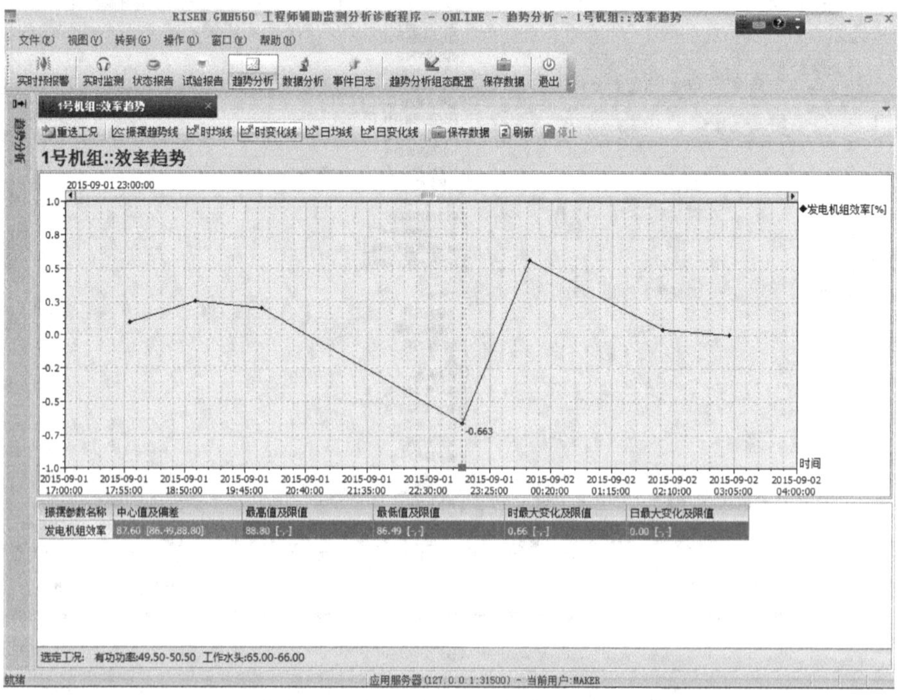

图 5-22　某电站 1 号机组效率在相同负荷—水头下的长期趋势和时变化量趋势

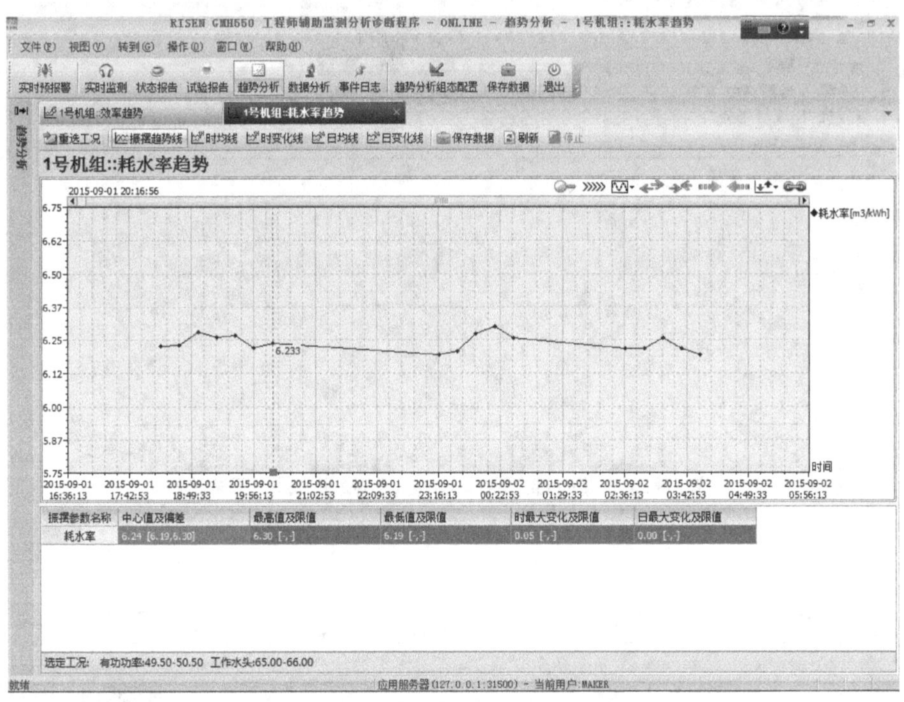


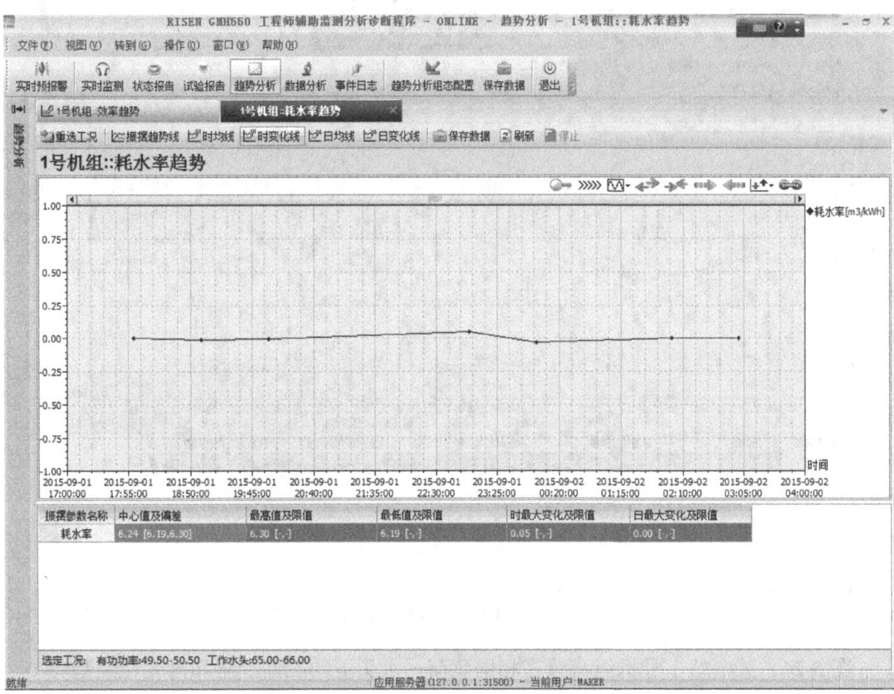


图 5-23 某电站 1 号机组耗水率在相同负荷—水头下的长期趋势和时变化量趋势

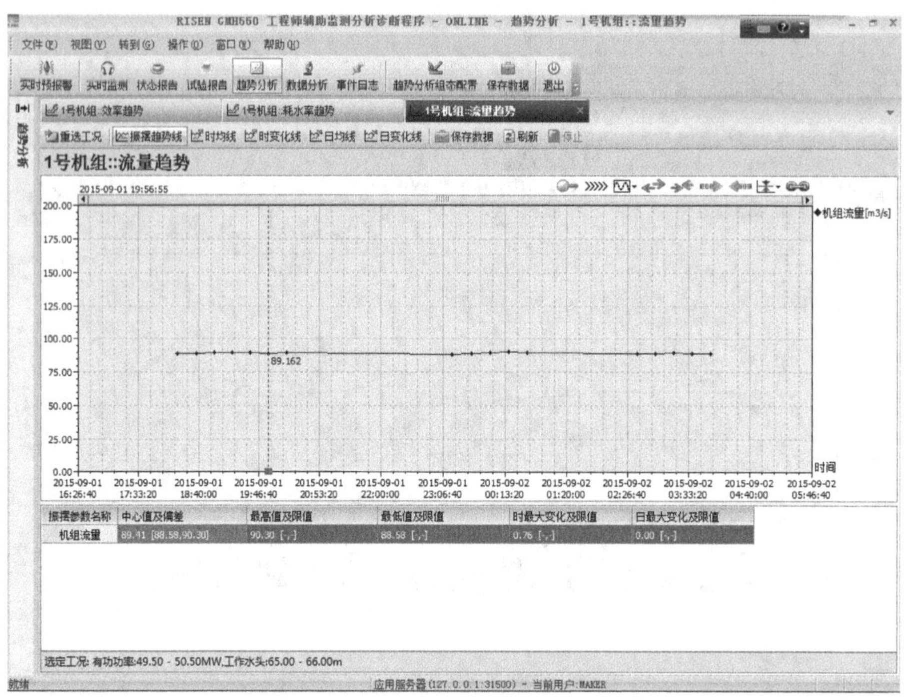


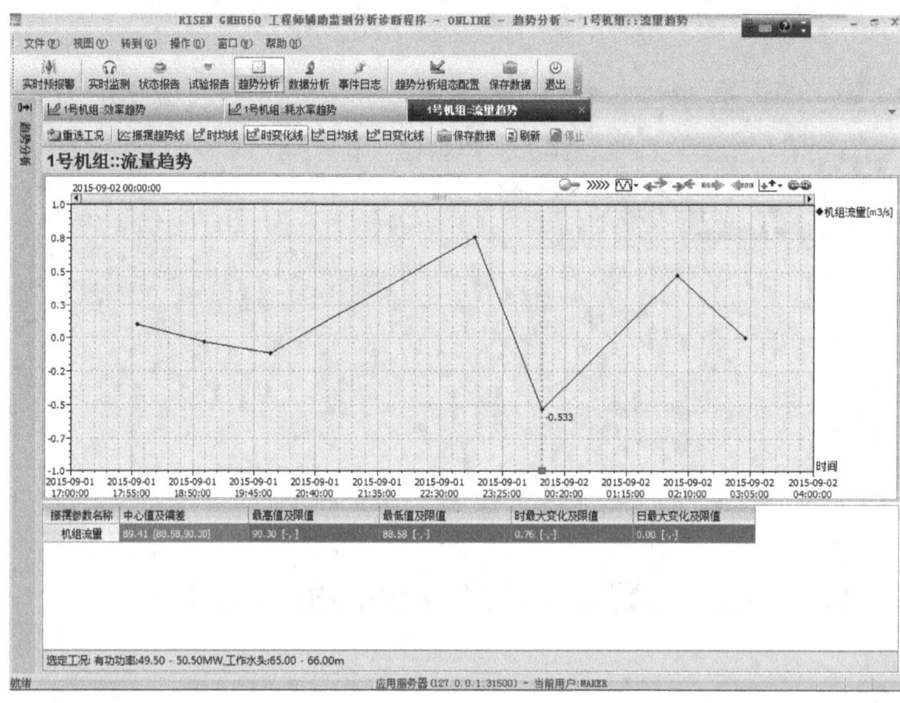


图 5-24　某电站 1 号机组流量在相同负荷—水头下的长期趋势和时变化量趋势

## 六、数据管理模块

数据管理模块主要用于数据分析原始数据的获取和智能拟合后水头—负荷—效率

等三维模型数据的存储管理。

（一）分析数据的获取

本分析系统中的主要数据来源有两个：

（1）效率在线监测系统测量获得的在线数据，主要存储于在线监测系统的数据库数据文件中。

（2）真机的离线试验数据。

对于在线监测系统的数据，系统调用在线监测系统的数据访问接口，直接调取数据。而对于真机的离线试验数据，则需要提供录入接口，实现试验样本数据的人工录入功能，如图 5-25 所示。在录入后，由分析程序将录入的数据存入到样本库中，用于后期的拟合计算和分析。

效率基础参数人工录入

| 序号 | 效率(%) | 出力(MW) | 水头(m) | 耗水率(m3/kWh) | 流量(m3/s) |
|---|---|---|---|---|---|
| 1 | 67.000 | 25.579 | 142.500 | 3.748 | 26.627 |
| 2 | 69.000 | 27.711 | 142.500 | 3.639 | 28.010 |
| 3 | 71.000 | 30.237 | 142.500 | 3.536 | 29.703 |
| 4 | 73.000 | 33.158 | 142.500 | 3.440 | 31.680 |
| 5 | 75.000 | 35.684 | 142.500 | 3.348 | 33.185 |
| 6 | 77.000 | 38.763 | 142.500 | 3.261 | 35.111 |
| 7 | 79.000 | 41.921 | 142.500 | 3.178 | 37.011 |
| 8 | 80.000 | 43.658 | 142.500 | 3.139 | 38.062 |
| 9 | 67.000 | 25.263 | 142.333 | 3.752 | 26.329 |
| 10 | 69.000 | 27.474 | 142.333 | 3.643 | 27.803 |
| 11 | 71.000 | 29.921 | 142.333 | 3.541 | 29.427 |
| 12 | 73.000 | 32.605 | 142.333 | 3.444 | 31.188 |
| 13 | 75.000 | 35.368 | 142.333 | 3.352 | 32.929 |
| 14 | 77.000 | 38.289 | 142.333 | 3.265 | 34.723 |
| 15 | 79.000 | 41.447 | 142.333 | 3.182 | 36.635 |
| 16 | 80.000 | 43.105 | 142.333 | 3.142 | 37.624 |
| 17 | 67.000 | 24.868 | 142.167 | 3.756 | 25.948 |
| 18 | 69.000 | 27.000 | 142.167 | 3.647 | 27.356 |
| 19 | 71.000 | 29.368 | 142.167 | 3.545 | 28.917 |
| 20 | 73.000 | 32.211 | 142.167 | 3.448 | 30.847 |
| 21 | 75.000 | 34.816 | 142.167 | 3.356 | 32.453 |
| 22 | 77.000 | 37.816 | 142.167 | 3.269 | 34.334 |
| 23 | 79.000 | 40.816 | 142.167 | 3.186 | 36.119 |

重算耗水率　增加条目 [Ins]　删除条目 [Del]　从文件中装载(L)　保存到文件(S)　保存并应用　关闭

图 5-25　离线试验数据的人工录入接口

（二）拟合计算后“水头—负荷—效率”等三维模型数据的存储

经过曲线拟合计算后（无论自动还是人工启动）获得了一组能表征水头—负荷—效率的系数（$a_1$，$a_2$，$a_3$，$a_4$，$a_5$，$a_6$，$a_7$，$a_8$，$a_9$）以及表征各样本点与标准曲面之间最大误差的 $E_p$，分析程序通过在线监测系统提供的数据访问接口存储到单独的三维曲面模型库中，而其他应用程序（如最优负荷分配程序或者实时监测程序）则可以通过调用该库数据获得三维拟合曲面模型，完成其他应用处理。

## 七、其他辅助功能模块

（1）效率曲面拟合的监测参数通道、有效范围等设定模块，如图 5-26 所示。

（2）机组效率辅助计算工具模块，如图 5-27 所示。

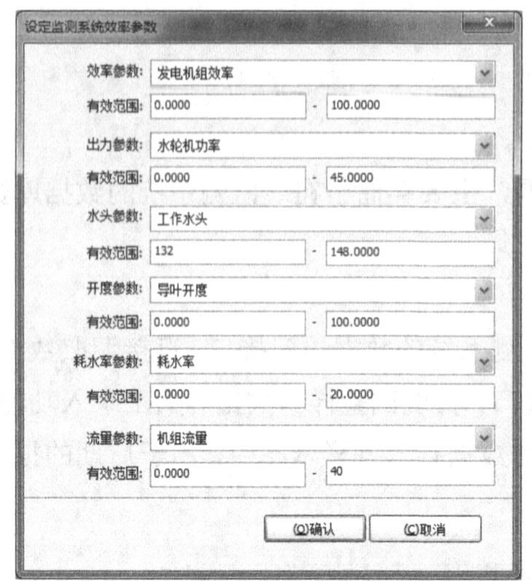


图 5-26 效率曲面拟合的监测参数通道、有效范围等设定

图 5-27 机组效率辅助计算工具模块

（3）其他设定模块，包括：

1）用于实时动态校正计算的参数设定模块（如最大控制误差、定期启动的时间间隔、单次样本增长量等）。

2）与本分析模块相关的其他组态设定模块（如趋势分析组态模块等）。

## 第三节 最优有功控制分配系统

### 一、功能设计

最优有功控制分配系统的功能设计框图如图 5-28 所示。

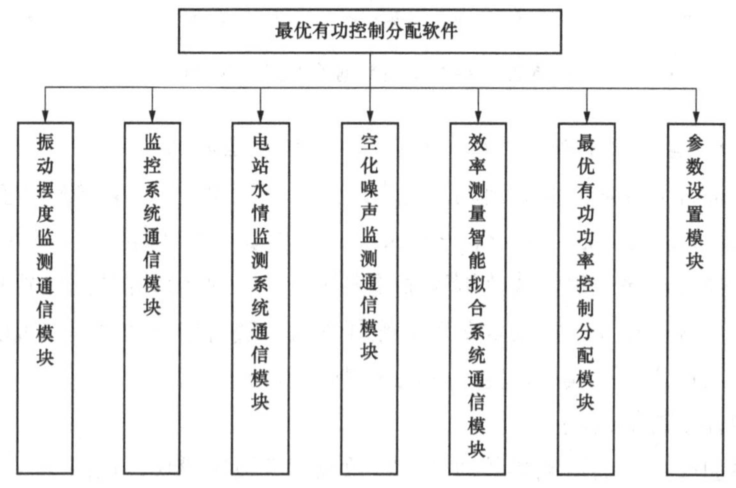


图 5-28 最优有功控制分配系统的功能设计框图

（1）振动摆度监测装置通信模块：本程序从机组在线监测数据库中通过数据通信获得实时的各机组的振动、摆度等数值，用以实现基于机组综合稳定性指标的振动区规划。

（2）监控系统通信模块：本程序从计算机监控系统通过数据通信获得调度全电站总有功功率给定值等数据，同时将分配后各机组的目标负荷发送给计算机监控系统，由计算机监控系统完成负荷调节。

（3）电站水情监测系统通信模块：本程序从该系统中获得上、下游水位等数据，用以获得水头等数据。

（4）转轮空蚀监测装置通信模块：本程序从机组在线监测数据库中通过数据通信获得实时的转轮室的空化噪声强度数据，用以实现基于机组综合稳定性指标的振动区规划。

（5）效率测量智能拟合系统通信模块：从机组效率在线监测及智能效率曲线拟合系统存储在机组在线监测的数据库中通过数据通信获得动态的机组的水头—负荷—效率三维拟合模型数据，用以实现有功功率的最优分配和控制。

（6）最优有功功率控制分配模块：是本软件的核心模块，根据监控系统获得期望的目标负荷，基于水头—负荷—效率三维拟合模型数据，结合机组稳定性数据，采用逐次逼近算法实现最优有功功率分配。

（7）参数设置模块：包括基础参数设定等辅助功能以及其他辅助性计算工具模块。

## 二、振动摆度监测通信模块

本模块的主要功能是本程序从机组振动摆度监测数据库中通过数据通信获得实时的各机组的振动、摆度等数值，用以实现基于机组综合稳定性指标的振动区规划。

### （一）基础通信数据点表

振动摆度通信点表如表 5-5 所示。

**表 5-5　　振动摆度通信点表**

| 序号 | 测　点 | 序号 | 测　点 |
|---|---|---|---|
| 1 | 上导$-X$向摆度 | 8 | 上机架垂直$+Y$振动 |
| 2 | 上导$+Y$向摆度 | 9 | 下机架水平$+Y$振动 |
| 3 | 下导$-X$向摆度 | 10 | 下机架垂直$+Y$振动 |
| 4 | 下导$+Y$向摆度 | 11 | 顶盖水平$+Y$振动 |
| 5 | 水导$-X$向摆度 | 12 | 顶盖垂直$+Y$振动 |
| 6 | 水导$+Y$向摆度 | 13 | 钢管压力脉动 |
| 7 | 上机架水平$+Y$振动 | 14 | 尾水压力脉动 |

### （二）通信方式

采用 TCP/IP 规约，直接从机组在线监测数据库中读取上述各测点噪声强度。

1. TCP/IP 协议的定义

TCP/IP 是供已连接因特网的计算机进行通信的通信协议，TCP/IP 指传输控制协议/网际协议。

TCP/IP 定义了电子设备（比如计算机）如何连入因特网，以及数据如何在它们之间传输的标准。

TCP/IP（传输控制协议/网际协议）是互联网中的基本通信语言或协议。在私网中，它也被用作通信协议。

TCP/IP 是一个四层的分层体系结构。高层为传输控制协议，它负责聚集信息或把文件拆分成更小的包。这些包通过网络传送到接收端的 TCP 层，接收端的 TCP 层把包还原为原始文件。低层是网际协议，它处理每个包的地址部分，使这些包正确地到达目的地。网络上的网关计算机根据信息的地址来进行路由选择。即使来自同一文件的分包路由也有可能不同，但最后会在目的地汇合。TCP/IP 使用客户端/服务器模式进行通信。TCP/IP 通信是点对点的，即通信是网络中的一台主机与另一台主机之间的。TCP/IP 与上层应用程序之间可以说是“没有国籍的”，因为每个客户请求都被看作是与上一个请求无关的。正是它们之间“无国籍”地释放了网络路径，才使每个人都可以连续不断地使用网络。许多用户熟悉使用 TCP/IP 协议的高层应用协议，包括万维网的超文本传输协议（HTTP）、文件传输协议（FTP）、远程网络访问协议（Telnet）和简单邮件传输协议（SMTP）。这些协议通常和 TCP/IP 协议打包在一起。使用模拟电话调制解调器连接网络的个人电脑通常是使用串行线路接口协议（SLIP）和点对点协议（P2P）。这些协议压缩 IP 包后通过拨号电话线发送到对方的调制解调器中。与 TCP/IP 协议相关的协议还包括用户数据包协议（UDP），它代替 TCP/IP 协议来达到特殊的目的。其他协议是网络主机用来交换路由信息的，包括 Internet 控制信息协议（ICMP）、内部网关协议（IGP）、外部网关协议（EGP）、边界网关协议（BGP）。

2. TCP/IP 协议的主要特点

（1）开放的协议标准，可以免费使用，并且独立于特定的计算机硬件与操作系统。

（2）独立于特定的网络硬件，可以运行在局域网、广域网，更适用于互联网中。

（3）统一的网络地址分配方案，使得整个 TCP/IP 设备在网中都具有唯一的地址。

（4）标准化的高层协议，可以提供多种可靠的用户服务。

TCP/IP 模型的主要缺点有：

（1）该模型没有清楚地区分哪些是协议、哪些是服务、接口。

（2）TCP/IP 模型的主机—网络层定义了网络层与数据链路层的接口，并不是常规意义上的一层，接口和层的区别是非常重要的，TCP/IP 模型没有将它们区分开来。

3. TCP/IP 协议的结构

TCP/IP 协议的结构如图 5-29 所示。

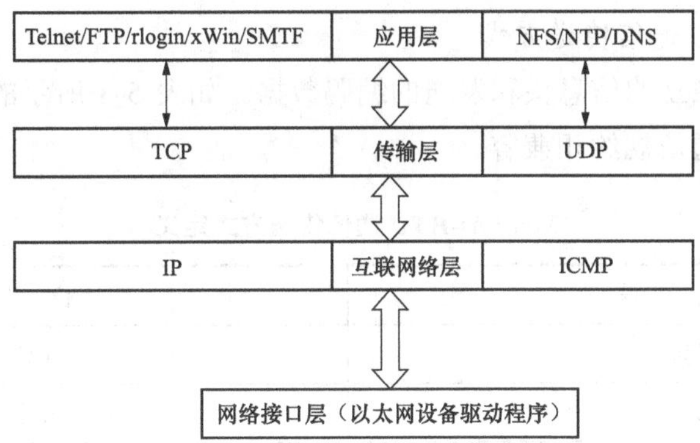


图 5-29　TCP/IP 协议的结构

## 三、监控系统通信模块

本模块的主要功能是从电站计算机监控系统通过数据通信获得调度全电站总有功功率给定值等数据，同时将分配后各机组的目标负荷发送给计算机监控系统，由计算机监控系统完成负荷调节。

### （一）基础通信数据点表

基础通信数据点表情况如表 5-6、表 5-7 所示。

**表 5-6　　从计算机监控系统读取的参数**

| 序号 | 信　号　名　称 | 数量 |
| --- | --- | --- |
| 1 | 调度全电站总有功功率给定值 | 1 |
| 2 | 全电站总有功功率实发值 | 1 |
| 3 | 全电站有功功率调整死区 | 1 |

**表 5-7　　向计算机监控系统发送的参数**

| 序号 | 信　号　名　称 | 数量 |
| --- | --- | --- |
| 1 | 全电站总有功功率给定值 | 1 |
| 2 | 1 号机组目标有功功率给定值 | 1 |
| 3 | 2 号机组目标有功功率给定值 | 1 |
| 4 | 3 号机组目标有功功率给定值 | 1 |
| 5 | 4 号机组目标有功功率给定值 | 1 |

### （二）通信方式

采用 Modbus-RTU 通信规约，在通信中，计算机监控系统为从站，有功功率分配系统为主站。ModBus 通信协议分为 RTU 协议和 ASCII 协议，此中采用 ModBus RTU 通信协议。

1. Modbus-RTU 通信传送方式

通信传送分为独立的信息头和发送的编码数据。如表 5-8 所示的通信传送方式定义也与 Modbus-RTU 通信规约相兼容。

**表 5-8　Modbus-RTU 通信传送方式定义**

| 编　码 | 8 位二进制 |
|---|---|
| 起始位 | 1 位 |
| 数据位 | 8 位 |
| 奇偶校验位 | 1 位（偶校验位） |
| 停止位 | 1 位 |
| 错误校验 | CRC（冗余循环码） |

初始结构 ＝≥4 字节的时间。

地址码 ＝1 字节。

功能码 ＝1 字节。

数据区 ＝$N$ 字节。

错误校验 ＝16 位 CRC 码。

结束结构 ＝≥4 字节的时间。

**地址码：** 地址码为通信传送的第一个字节。这个字节表明由用户设定地址码的从机将接收由主机发送来的信息。并且每个从机都有具有唯一的地址码，并且响应回送均以各自的地址码开始。主机发送的地址码表明将发送到的从机地址，而从机发送的地址码表明回送的从机地址。

**功能码：** 通信传送的第二个字节。ModBus 通信规约定义功能号为 1 到 127。作为主机请求发送，通过功能码告诉从机执行什么动作。作为从机响应，从机发送的功能码与从主机发送来的功能码一样，并表明从机已响应主机进行操作。如果从机发送的功能码的最高位为 1（比如功能码大与此同时 127），则表明从机没有响应操作或发送出错。

**数据区：** 数据区是根据不同的功能码而不同。数据区可以是实际数值、设置点、主机发送给从机或从机发送给主机的地址。

**CRC 码：** 二字节的错误检测码。

2. Modbus-RTU 通信规约

当通信命令发送至源装置时，符合相应地址码的设备接通信命令，并除去地址码，读取信息，如果没有出错，则执行相应的任务；然后把执行结果返送给发送者。返送的信息中包括地址码、执行动作的功能码、执行动作后结果的数据以及错误校验码。如果出错就不发送任何信息。

（1）信息帧结构如表 5-9 所示。

表 5-9　　信息帧结构

| 地址码 | 功能码 | 数据区 | 错误校验码 |
| --- | --- | --- | --- |
| 8 位 | 8 位 | $N$×8 位 | 16 位 |

**地址码：**地址码是信息帧的第一字节（8 位），从 0 到 255。这个字节表明由用户设置地址的从机将接收由主机发送来的信息。每个从机都必须有唯一的地址码，并且只有符合地址码的从机才能响应回送。当从机回送信息时，相当的地址码表明该信息来自何处。

**功能码：**主机发送的功能码告诉从机执行什么任务。表 5-10 列出的功能码都有具体的含义及操作。

表 5-10　　功能码的含义及操作

| 代码 | 含　义 | 操　作 |
| --- | --- | --- |
| 03 | 读取数据 | 读取当前寄存器内一个或多个二进制值 |
| 06 | 重置单一寄存器 | 把设置的二进制值写入单一寄存器 |

**数据区：**数据区包含需要从机执行什么动作或由从机采集的返送信息。这些信息可以是数值、参考地址等等。例如，功能码告诉从机读取寄存器的值，则数据区必须包含要读取寄存器的起始地址及读取长度。对于不同的从机，地址和数据信息都不相同。

**错误校验码：**主机或从机可用校验码进行判别接收信息是否出错。有时，由于电子噪声或其他一些干扰，信息在传输过程中会发生细微的变化，错误校验码保证了主机或从机对在传送过程中出错的信息不起作用。这样就增加了系统的安全和效率。错误校验采用 CRC-16 校验方法。

（2）错误校验。

冗余循环码（CRC）包含 2 个字节，即 16 位二进制。CRC 码由发送设备计算，放置于发送信息的尾部。接收信息的设备再重新计算接收到信息的 CRC 码，比较计算得到的 CRC 码是否与接收到的相符，如果两者不相符，则表明出错。

CRC 码的计算方法是，先预置 16 位寄存器全为 1。再逐步把每 8 位数据信息进行处理。在进行 CRC 码计算时只用 8 位数据位，起始位及停止位，如有奇偶校验位的话也包括奇偶校验位，都不参与 CRC 码计算。

在计算 CRC 码时，8 位数据与寄存器的数据相异或，得到的结果向低位移一字节，用 0 填补最高位。再检查最低位，如果最低位为 1，把寄存器的内容与预置数相异或，如果最低位为 0，不进行异或运算。

这个过程一直重复 8 次。第 8 次移位后，下一个 8 位再与现在寄存器的内容相异或，这个过程与以上一样重复 8 次。当所有的数据信息处理完后，最后寄存器的内容即为 CRC

码值。CRC 码中的数据发送、接收时低字节在前。

计算 CRC 码的步骤为：

1）预置 16 位寄存器为十六进制 FFFF（即全为 1），称此寄存器为 CRC 寄存器。

2）把第一个 8 位数据与 16 位 CRC 寄存器的低位相异或，把结果放于 CRC 寄存器。

3）把寄存器的内容右移一位（朝低位），用 0 填补最高位，检查最低位。

4）如果最低位为 0，重复第 3）步（再次移位）；如果最低位为 1，CRC 寄存器与多项式 A001（1010 0000 0000 0001）进行异或。

5）重复步骤 3）和步骤 4），直到右移 8 次，这样整个 8 位数据全部进行了处理。

6）重复步骤 2）到步骤 5），进行下一个 8 位数据的处理。

7）最后得到的 CRC 寄存器即为 CRC 码。

（3）功能码 03：读取点和返回值。

装置采用 Modbus RTU 通信规约，利用通信命令，可以进行读取点（“保持寄存器”）或返回值（“输入寄存器”）的操作。保持和输入寄存器都是 16 位（2 字节）值，并且高位在前。这样用于仪表的读取点和返回值都是 2 字节。一次最多可读取寄存器数是 60。由于一些可编程控制器不用功能码 03，所以功能码 03 被用作读取点和返回值。从机响应的命令格式是从机地址、功能码、数据区及 CRC 码。数据区中的寄存器数据都是每两个字节高字节在前。

（4）功能码 06：单点保存。

主机利用这条命令把单点数据保存到仪表的存储器。从机也用这个功能码向主机返送信息。

## 四、电站水情监测通信模块

本模块的主要功能是从电站水情监测系统中获得上、下游水位等数据，用以获得水头等参数。

### （一）基础通信数据点表

基础通信数据点表如表 5-11 所示。

**表 5-11　　基础通信数据点表**

| 序号 | 通信量 | 序号 | 通信量 |
| --- | --- | --- | --- |
| 1 | B 电站坝库水位 | 4 | C 电站坝尾水位 |
| 2 | B 电站坝尾水位 | 5 | A 电站坝库水位 |
| 3 | C 电站坝库水位 | 6 | A 电站坝尾水位 |

### （二）通信方式

各级电站坝上下实时水位数据接口采用中间库方式。

水情系统在 MIS 网服务器上创建中间数据库，数据库软件为 SQL Server2008，进入 wds 数据库，中间库有两张数据库表，分别为 DIANHAOKY、RTSQKY，各表的表结构及说明如下：

DIANHAOKY 存放点号信息，有 ID 和 NAME 两列，ID 为点号信息，NAME 为该点号对应的物理意义。

RTDQKY 存放坝上、下实时水位数据，有 SENID、TIME、FACTV 三列，前两列指点号和时间，点号要和 DIANHAOKY 表里的对应，FACTV 就是水位数值。

查询语句分别为：

```
SELECT TOP 1000 [ID]
  ,[NAME]
  FROM [wds].[wds].[DIANHAOKY]
SELECT TOP 1000 [SENID]
  ,[TIME]
  ,[FACTV]
  FROM [wds].[wds].[RTSQKY]
```

如表 5-12 所示为 3 个电站上下游水位在中间库中的 ID 值。

表 5-12　　3 个电站上下游水位在中间库中的 ID 值

| 序　号 | ID 值 | 数据点位名称 |
|---|---|---|
| 123 | 161001 | B 电站坝上水位 |
| 127 | 161101 | B 电站坝下水位 |
| 177 | 171001 | C 电站坝上水位 |
| 182 | 171101 | C 电站坝下水位 |
| 508 | 151001 | A 电站坝上水位 |
| 513 | 151101 | A 电站坝下水位 |

负荷分配系统采用 ODBC 方式登录到该中间库，并通过上述 ID 值检索各电站上、下游水位。

### 五、空化噪声监测通信模块

本模块的主要功能是从该机组转轮空化噪声监测装置中读取测点的噪声强度数据，用以实现基于机组综合稳定性指标的振动区规划。

#### （一）基础通信数据点表

基础通信数据点表如表 5-13 所示。

表 5-13　　基础通信数据点表

| 序号 | 通信量 | 序号 | 通信量 |
|---|---|---|---|
| 1 | 测点 1 噪声强度 | 3 | 测点 3 噪声强度 |
| 2 | 测点 2 噪声强度 | 4 | 测点 4 噪声强度 |

（二）通信方式

采用 TCP/IP 规约，直接从机组在线监测数据库中读取上述各测点噪声强度。

## 六、效率测量智能拟合系统通信模块

本模块的主要功能是从机组效率在线监测及智能效率曲线拟合系统中通信获得动态的机组的水头—负荷—效率三维拟合模型数据，用以实现有功功率的最优分配和控制。

（一）基础通信数据点表

基础通信数据点表如表 5-14 所示。

表 5-14　　基础通信数据点表

| 序号 | 通信量 |
| --- | --- |
| 1 | 1 号机组水头—负荷—效率拟合模型系数（$a_1$，$a_2$，$a_3$，$a_4$，$a_5$，$a_6$，$a_7$，$a_8$，$a_9$） |
| 2 | 1 号机组实时负荷 |
| 3 | 2 号机组水头—负荷—效率拟合模型系数（$a_1$，$a_2$，$a_3$，$a_4$，$a_5$，$a_6$，$a_7$，$a_8$，$a_9$） |
| 4 | 2 号机组实时负荷 |
| 5 | 3 号机组水头—负荷—效率拟合模型系数（$a_1$，$a_2$，$a_3$，$a_4$，$a_5$，$a_6$，$a_7$，$a_8$，$a_9$） |
| 6 | 3 号机组实时负荷 |
| 7 | 4 号机组水头—负荷—效率拟合模型系数（$a_1$，$a_2$，$a_3$，$a_4$，$a_5$，$a_6$，$a_7$，$a_8$，$a_9$） |
| 8 | 4 号机组实时负荷 |

（二）通信方式

采用 TCP/IP 规约，直接从各机组效率在线监测/智能曲线拟合系统的数据库中读取模型数据和实时负荷数据。

## 七、最优有功功率控制分配模块

（一）模块功能

本模块是核心模块之一，其利用在线效率测量/智能拟合系统获得动态的高精度水头—出力—效率三维模型，结合机组振动摆度数据，根据从计算机监控系统获得的目标负荷，进行最优有功功率分配，并将各机组分配后的负荷发送给监控系统实现控制，具有如下特点：

（1）由于第一部分就是效率测量和实时动态自校正的智能曲线拟合子系统，该子系统能实时地进行机组的效率测量，并能实时动态地实现效率曲线拟合，从而能实时动态地获得一个机组较为精确的水头—负荷—效率三维模型，这个模型具有以下特点：

1）根据真机数据拟合获得。

2）实时动态校正，能够真实跟踪和反映机组效率的变化。

3）经过多次迭代之后，能较为精确地给出各有效水头下的效率曲线。

而本子系统采用的效率模型是效率测量和实时动态自校正的智能曲线拟合子系统输出的结果，以该效率模型为基础，即可实现较为精确的最优负荷分配。

（2）利用振动摆度和空化噪声监测装置的数据，采用综合稳定性指标评价方法，实现动态的振动负荷区/稳定运行区的自动化动态规划，从而较为精确地在负荷分配时实现振动区/稳定区的控制；同时，空化噪声强度也被纳入振动区评价中，当作一个特征参数项参与评价。

（3）针对临界振动区受控运行的问题，设计和实现了基于连续稳定性函数的时间控制函数，当机组在临界区运行时间超过时间控制函数给定的时间限制时，负荷分配函数通过调整分配策略，把机组负荷从临界区调整到稳定区，如果需要，负荷分配程序可能会把其他在稳定区运行的机组调整到临界区，以避免机组在临界区长期运行。

## （二）模块界面

如图 5-30～图 5-36 所示为该模块的一些示意界面。

电站信息

| 参数 | 死水位 [m] | 有功调整死区 [MW] | 备用有功 [MW] | 最小下泄流量 [m3/s] | 最大下泄流量 [m3/s] | 上游水位 [m] | 下游水位 [m] | 实际总有功 [MW] | 需分总有功 [MW] | 总耗水率 [m3/kWh] |
|---|---|---|---|---|---|---|---|---|---|---|
| 值 | 1083.500 | 0.100 | 0.00 | 50.00 | 3390.00 | 1151.400 | 1090.050 | 46.04 | | 47.22 |

机组信息

| 参数\机组 | 1号机组 | 2号机组 | 3号机组 |
|---|---|---|---|
| 额定负荷(MW) | 18.00 | 18.00 | 18.00 |
| 有功可调范围(MW) | 1.00-18.00 | 1.00-18.00 | 1.00-18.00 |
| 振动区(MW) | [4.00,5.00-8.00,9.00] | [4.00,5.00-8.00,9.00] | [4.00,5.00-8.00,9.00] |
| 设计水头范围(m) | 46.0/[53.4 - 65.4] | 46.0/[52.0 - 65.4] | 46.0/[48.2 - 65.4] |
| 总水头损失(m) | 1.00 | 1.00 | 1.00 |
| 机组效率(%) | 73.33 | 79.55 | 71.63 |
| 出力(MW) | 15.44 | 17.38 | 14.40 |
| 工作水头(m) | 60.06 | 59.92 | 59.91 |
| 开度(%) | 75.25 | 84.75 | 70.19 |
| 耗水率(%) | 7.68 | 7.64 | 7.70 |
| 流量(m3/s) | 34.73 | 35.06 | 33.01 |
| 机组负荷(MW) | 15.05 | 16.95 | 14.04 |
| 转速(r/min) | 214.43 | 214.59 | 214.54 |
| 主开关 | CLOSE | CLOSE | CLOSE |
| 分配负荷(MW) | | | |

（a）

设定电站参数

| | | |
|---|---|---|
| 死水位: | 1083.500 | m |
| 全厂有功调整死区: | 0.100 | MW |
| 全厂备用有功: | 0.000 | MW |
| 最小下泄流量: | 50.000 | m3/s |
| 最大下泄流量: | 3390.000 | m3/s |
| 设定上游水位: | 1149.100 | m |
| 设定下游水位: | 1090.020 | m |

(O)确认　(C)取消

（b）

图 5-30　电站参数设定

（a）机组信息；（b）电站参数设置

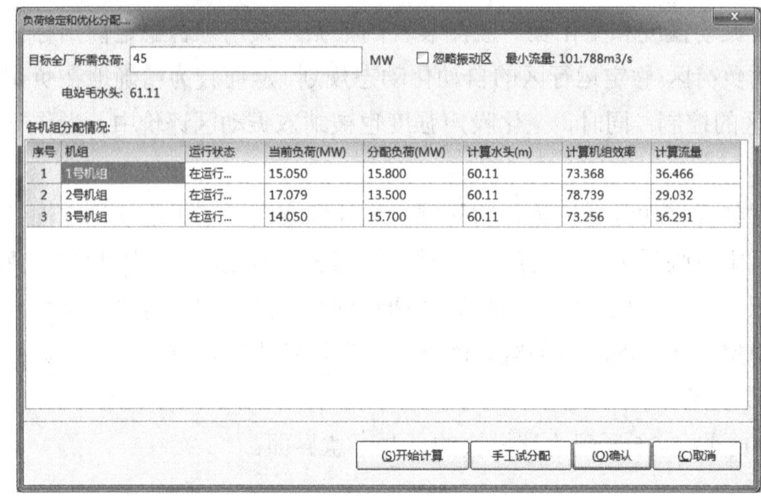


| 序号 | 机组 | 运行状态 | 当前负荷(MW) | 分配负荷(MW) | 计算水头(m) | 计算机组效率 | 计算流量 |
|---|---|---|---|---|---|---|---|
| 1 | 1号机组 | 在运行... | 15.050 | 15.800 | 60.11 | 73.368 | 36.466 |
| 2 | 2号机组 | 在运行... | 17.079 | 13.500 | 60.11 | 78.739 | 29.032 |
| 3 | 3号机组 | 在运行... | 14.050 | 15.700 | 60.11 | 73.256 | 36.291 |

图 5-31　负荷给定和优化分配

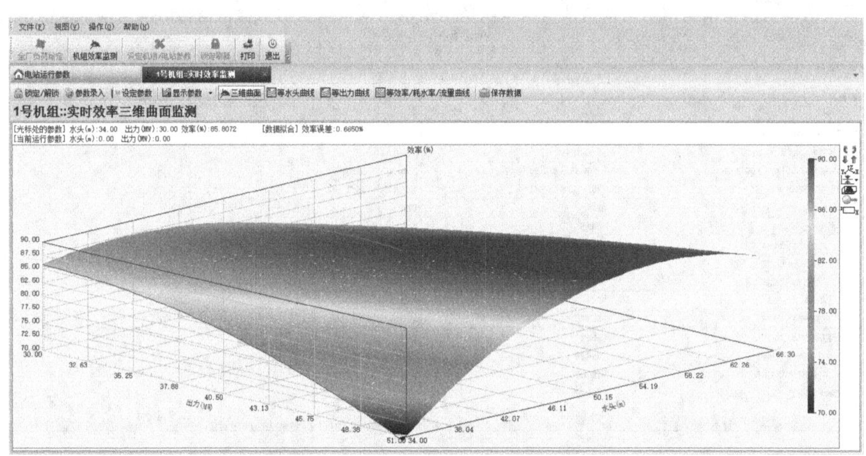


图 5-32　根据三维模型绘制的效率曲面

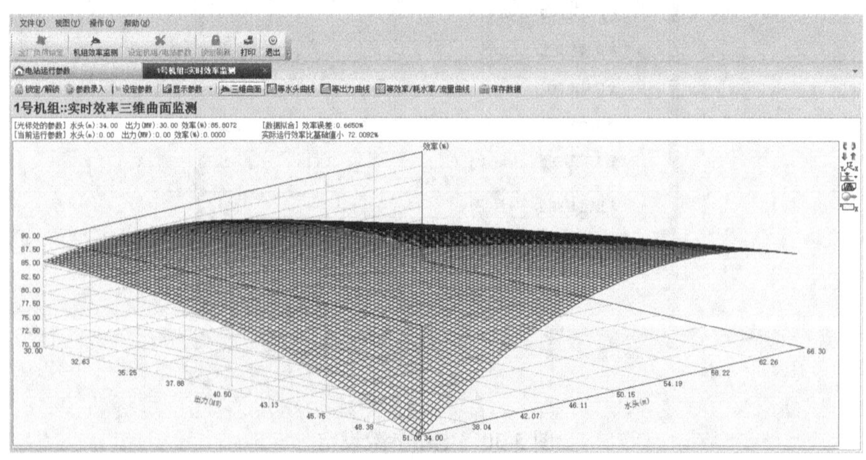


图 5-33　根据三维模型绘制的效率曲面

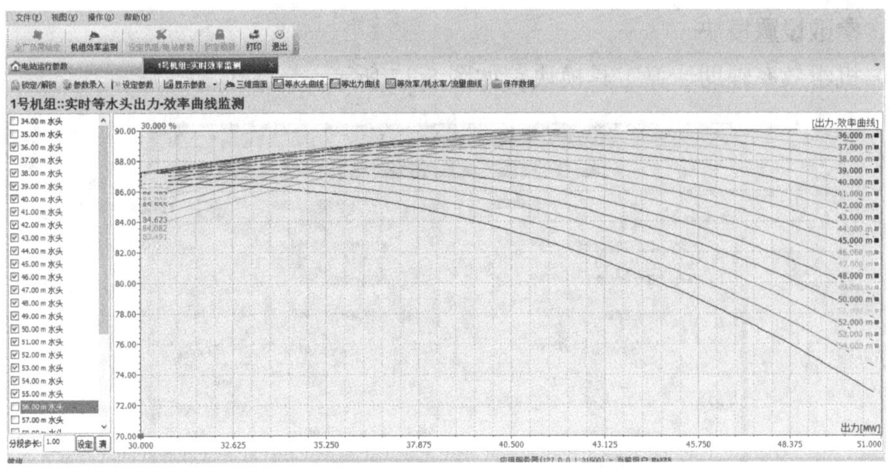

图 5-34　根据三维模型计算的等水头出力—效率曲线监测图

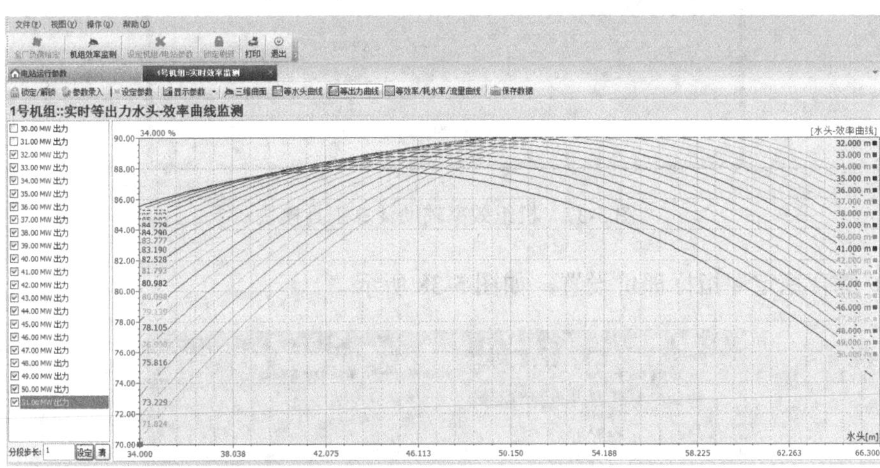

图 5-35　根据三维模型计算的等出力水头—效率曲线监测图

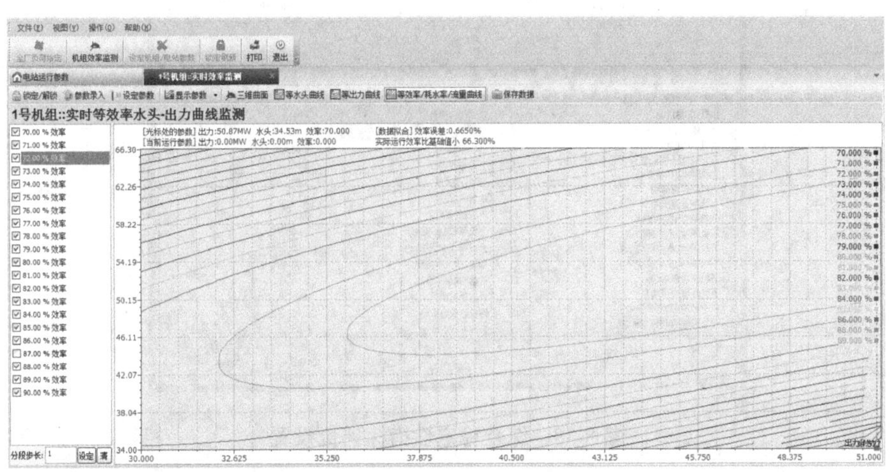

图 5-36　根据三维模型计算的实时等效率水头—出力曲线监测图

## 八、参数设置模块

（1）机组效率辅助计算工具模块，如图 5-37 所示。

图 5-37　机组效率辅助计算工具模块

（2）综合稳定性指标评价设置，如图 5-38 所示。

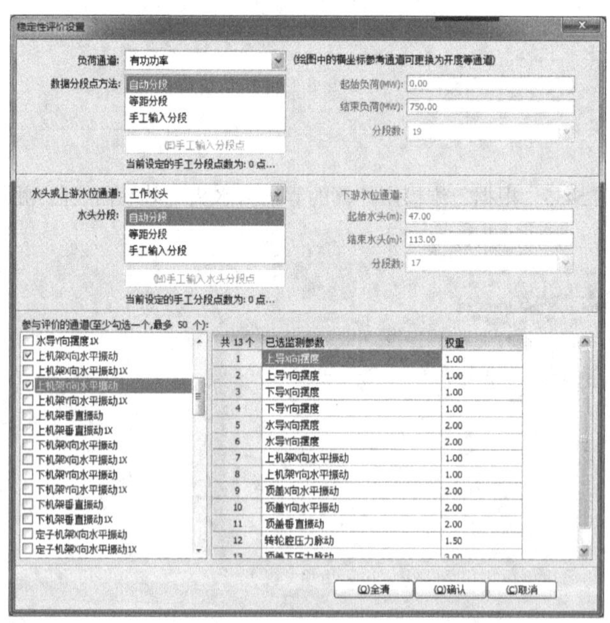


图 5-38　综合稳定性指标评价设置

（3）电站基本信息设定，如图 5-39 所示。

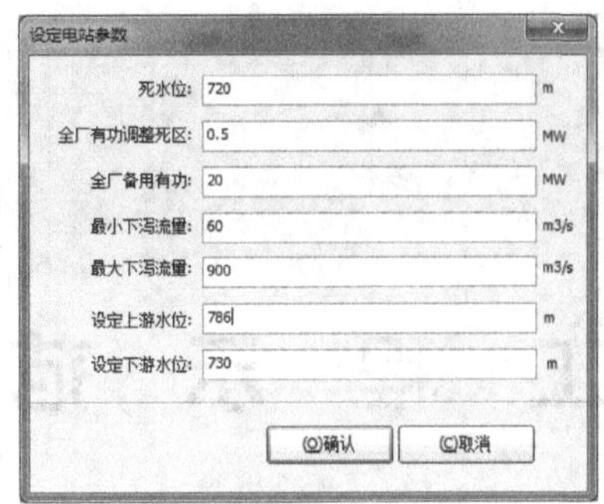


图 5-39　电站基本信息设定

（4）负荷分配中用到的机组基本参数设定，如图 5-40 所示。

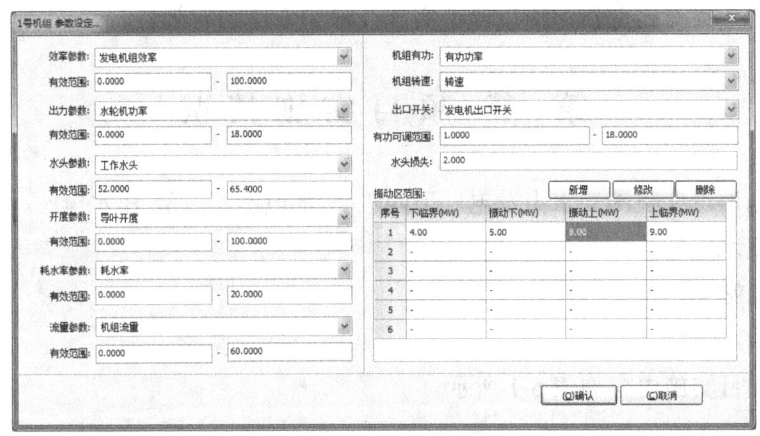


图 5-40　基本参数设定

（5）振动区人工设定，如图 5-41 所示。

（6）通信模块参数设定，如图 5-42 所示。

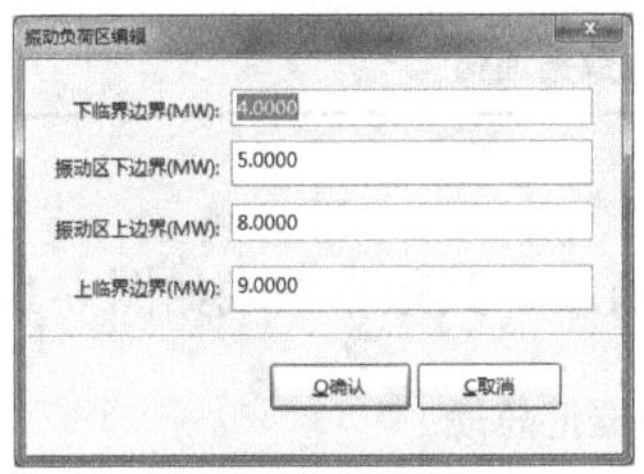


图 5-41　振动区设定

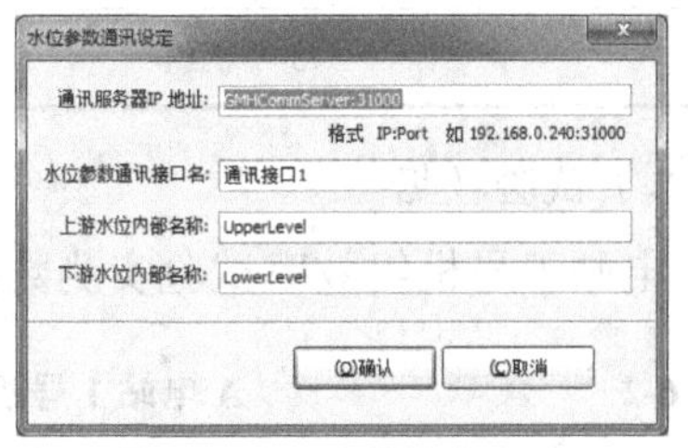


图 5-42　水情监测通信设定

第六章

# 工 程 示 范

小水电长期处于无序开发和“重建轻管”状态，对小水电机组来说，如何进行负荷分配使得小水电机组实现多机组协调控制，十分重要。本章重点用实际的数据和图表曲线说明实施的效果对比分析，用以验证实施技术和方法的有效性。

## 第一节 项目实施情况

实际实施地点在我国某水力发电厂下四级 A 水电站、五级 B 水电站、六级 C 水电站等 3 个小型水电站。

### 一、A 电站

#### （一）项目实施内容

A 电站项目实施内容如表 6-1 所示。

**表 6-1　　A 电站项目实施内容**

| 序号 | 机　组 | 项目实施内容 |
|---|---|---|
| 1 | 1 号机组 | 1. 机组效率采集监测分析<br>2. 机组效率曲线拟合分析<br>3. 水电站最优有功功率控制分配<br>4. 转轮空化噪声监测分析<br>5. 其他数据通信 |
| 2 | 2 号机组 | |
| 3 | 3 号机组 | |

#### （二）试验数据

A 电站 1 号机组效率试验实测数据汇总如表 6-2 所示，其效率曲线如图 6-1 所示。

**表 6-2　　A 电站 1 号机组效率试验实测数据汇总表**

| 工况 | 上游水位（m） | 下游水位（m） | 机组有功功率（MW） | 实测水头损失（m） | 净水头（m） | 水轮机功率（MW） | 机组效率（%） | 水轮机效率（%） | 水耗率［$m^3$/（kW·h）］ |
|---|---|---|---|---|---|---|---|---|---|
| 0MW | — | — | — | — | — | — | — | — | — |
| 1MW | 1089.08 | 1029.97 | 1.37 | 1.57 | 57.53 | 1.41 | 50.18 | 51.47 | 12.74 |
| 2MW | 1089.08 | 1029.97 | 2.38 | 1.61 | 57.49 | 2.44 | 60.86 | 62.42 | 10.32 |
| 3MW | 1089.08 | 1029.97 | 3.23 | 1.75 | 57.35 | 3.32 | 61.25 | 62.82 | 10.33 |

续表

| 工况 | 上游水位（m） | 下游水位（m） | 机组有功功率（MW） | 实测水头损失（m） | 净水头（m） | 水轮机功率（MW） | 机组效率（%） | 水轮机效率（%） | 水耗率［m³/（kW·h）］ |
|---|---|---|---|---|---|---|---|---|---|
| 5MW | 1089.08 | 1029.97 | 5.57 | 1.56 | 57.54 | 5.72 | 69.56 | 71.34 | 8.96 |
| 7MW | 1089.08 | 1029.97 | 7.67 | 1.76 | 57.34 | 7.88 | 75.67 | 77.61 | 8.26 |
| 9MW | 1089.08 | 1029.97 | 9.15 | 1.20 | 57.90 | 9.39 | 78.18 | 80.18 | 7.92 |
| 10MW | 1089.08 | 1029.97 | 10.18 | 1.45 | 57.65 | 10.44 | 79.95 | 82.00 | 7.78 |
| 11MW | 1089.08 | 1029.97 | 11.49 | 1.81 | 57.29 | 11.79 | 81.18 | 83.26 | 7.71 |
| 12MW | 1089.08 | 1029.97 | 12.66 | 1.77 | 57.33 | 12.98 | 81.67 | 83.77 | 7.66 |
| 13MW | 1089.08 | 1029.97 | 13.81 | 1.93 | 57.17 | 14.17 | 82.57 | 84.68 | 7.60 |
| 14MW | 1089.08 | 1029.97 | 14.79 | 2.03 | 57.07 | 15.17 | 83.01 | 85.13 | 7.58 |
| 15MW | 1089.08 | 1029.97 | 15.86 | 2.15 | 56.95 | 16.27 | 84.40 | 86.57 | 7.47 |
| 16MW | 1089.08 | 1029.97 | 16.23 | 2.19 | 56.91 | 16.66 | 83.81 | 85.96 | 7.53 |
| 17MW | 1089.08 | 1029.97 | 17.43 | 2.43 | 56.67 | 17.88 | 83.13 | 85.26 | 7.63 |

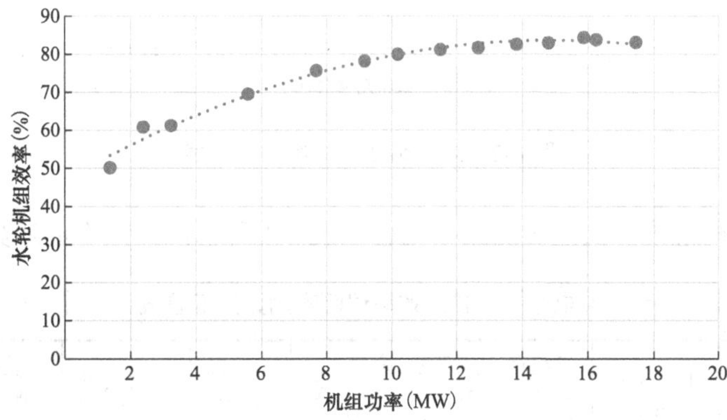


图 6-1　A 电站 1 号机组效率曲线

A 电站 2 号机组效率试验实测数据汇总如表 6-3 所示，其效率曲线如图 6-2 所示。

**表 6-3　　A 电站 2 号机组效率试验实测数据汇总表**

| 工况 | 上游水位（m） | 下游水位（m） | 机组有功功率（MW） | 实测水头损失（m） | 净水头（m） | 水轮机功率（MW） | 机组效率（%） | 水轮机效率（%） | 水耗率［m³/（kW·h）］ |
|---|---|---|---|---|---|---|---|---|---|
| 0MW | — | — | — | — | — | — | — | — | — |
| 3MW | 1089.08 | 1029.97 | 3.99 | 1.37 | 57.74 | 4.10 | 38.25 | 39.23 | 16.70 |
| 6MW | 1089.08 | 1029.97 | 6.37 | 1.01 | 58.10 | 6.54 | 47.15 | 48.35 | 13.42 |
| 8MW | 1089.08 | 1029.97 | 8.06 | 1.40 | 57.71 | 8.27 | 64.27 | 65.92 | 9.70 |
| 9MW | 1089.08 | 1029.97 | 9.15 | 1.65 | 57.46 | 9.39 | 69.12 | 70.89 | 9.03 |
| 10MW | 1089.08 | 1029.97 | 10.15 | 1.91 | 57.20 | 10.42 | 72.82 | 74.69 | 8.59 |
| 12MW | 1089.08 | 1029.97 | 12.18 | 1.95 | 57.16 | 12.50 | 77.53 | 79.52 | 8.08 |

续表

| 工况 | 上游水位（m） | 下游水位（m） | 机组有功功率（MW） | 实测水头损失（m） | 净水头（m） | 水轮机功率（MW） | 机组效率（%） | 水轮机效率（%） | 水耗率[m³/（kW·h）] |
|---|---|---|---|---|---|---|---|---|---|
| 13MW | 1089.08 | 1029.97 | 12.91 | 2.03 | 57.08 | 13.25 | 78.22 | 80.23 | 8.02 |
| 14MW | 1089.08 | 1029.97 | 14.36 | 2.22 | 56.89 | 14.73 | 80.24 | 82.29 | 7.84 |
| 15MW | 1089.08 | 1029.97 | 15.01 | 2.23 | 56.88 | 15.40 | 80.48 | 82.55 | 7.82 |
| 16MW | 1089.08 | 1029.97 | 16.17 | 2.39 | 56.72 | 16.59 | 81.64 | 83.74 | 7.73 |
| 18MW | 1089.08 | 1029.97 | 18.19 | 2.64 | 56.47 | 18.66 | 83.29 | 85.43 | 7.61 |

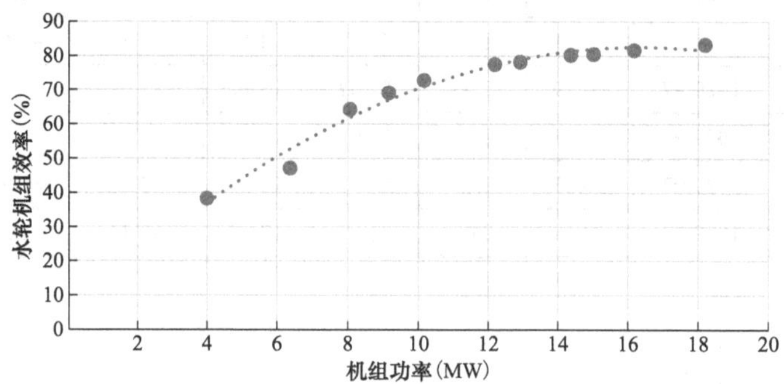


图 6-2　A 电站 2 号机组效率曲线

A 电站 3 号机组效率试验实测数据汇总如表 6-4 所示，其效率曲线如图 6-3 所示。

**表 6-4　　A 电站 3 号机组效率试验实测数据汇总表**

| 工况 | 上游水位（m） | 下游水位（m） | 机组有功功率（MW） | 实测水头损失（m） | 净水头（m） | 水轮机功率（MW） | 机组效率（%） | 水轮机效率（%） | 水耗率[m³/（kW·h）] |
|---|---|---|---|---|---|---|---|---|---|
| 0MW | — | — | — | — | — | — | — | — | — |
| 2MW | 1088.78 | 1029.99 | 2.21 | 1.59 | 57.20 | 2.27 | 30.00 | 30.77 | 21.84 |
| 4MW | 1088.78 | 1029.99 | 4.30 | 1.48 | 57.31 | 4.41 | 41.93 | 43.00 | 15.49 |
| 5MW | 1088.78 | 1029.99 | 5.90 | 1.64 | 57.15 | 6.06 | 57.48 | 58.95 | 11.06 |
| 8MW | 1088.78 | 1029.99 | 8.19 | 1.78 | 57.01 | 8.40 | 68.28 | 70.02 | 9.22 |
| 9MW | 1088.78 | 1029.99 | 8.87 | 1.66 | 57.13 | 9.10 | 70.45 | 72.25 | 8.92 |
| 10MW | 1088.78 | 1029.99 | 10.11 | 1.71 | 57.08 | 10.37 | 74.25 | 76.16 | 8.45 |
| 12MW | 1088.78 | 1029.99 | 12.62 | 1.90 | 56.89 | 12.95 | 78.56 | 80.57 | 8.01 |
| 13MW | 1088.78 | 1029.99 | 12.99 | 2.02 | 56.77 | 13.33 | 78.92 | 80.94 | 7.99 |
| 14MW | 1088.78 | 1029.99 | 13.93 | 2.08 | 56.71 | 14.29 | 78.58 | 80.60 | 8.03 |
| 15MW | 1088.78 | 1029.99 | 15.25 | 2.24 | 56.55 | 15.64 | 81.95 | 84.06 | 7.72 |
| 16MW | 1088.78 | 1029.99 | 16.28 | 2.33 | 56.46 | 16.70 | 81.96 | 84.06 | 7.73 |
| 17MW | 1088.78 | 1029.99 | 17.15 | 2.38 | 56.41 | 17.59 | 82.95 | 85.07 | 7.65 |
| 18MW | 1088.78 | 1029.99 | 18.05 | 2.46 | 56.33 | 18.52 | 83.73 | 85.88 | 7.59 |

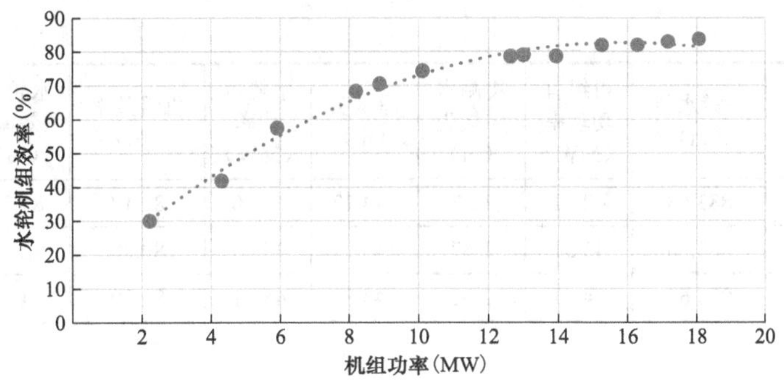


图 6-3 A 电站 3 号机组效率曲线

## 二、B 电站

### （一）项目实施内容

B 电站项目实施内容如表 6-5 所示。

表 6-5 B 电站项目实施内容

| 序号 | 机　组 | 项目实施内容 |
|---|---|---|
| 1 | 1 号机组 | 1. 机组效率采集监测分析<br>2. 机组效率曲线拟合分析<br>3. 水电站最优有功功率控制分配<br>4. 其他数据通信 |
| 2 | 2 号机组 | |
| 3 | 3 号机组 | |

### （二）试验数据

B 电站 1 号机组效率试验实测数据汇总如表 6-6 所示，其效率曲线如图 6-4 所示。

表 6-6 B 电站 1 号机组效率试验实测数据汇总表

| 工况 | 上游水位（m） | 下游水位（m） | 机组有功功率（MW） | 实测水头损失（m） | 净水头（m） | 水轮机功率（MW） | 机组效率（%） | 水轮机效率（%） | 水耗率[$m^3$/（kW·h）] |
|---|---|---|---|---|---|---|---|---|---|
| 0MW | 1029.69 | 883.65 | 0 | — | — | — | — | — | — |
| 5MW | 1029.69 | 883.65 | 4.84 | 0.23 | 146.03 | 4.96 | 38.84 | 39.83 | 6.47 |
| 10MW | 1029.69 | 883.65 | 10.06 | 0.28 | 145.91 | 10.32 | 55.04 | 56.45 | 4.57 |
| 15MW | 1029.67 | 883.70 | 14.90 | 0.21 | 145.72 | 15.28 | 64.82 | 66.48 | 3.89 |
| 20MW | 1029.67 | 883.70 | 19.91 | 0.08 | 145.53 | 20.42 | 69.42 | 71.20 | 3.63 |
| 25MW | 1029.63 | 883.68 | 25.37 | 0.84 | 145.31 | 26.02 | 75.44 | 77.38 | 3.35 |
| 30MW | 1029.61 | 883.68 | 29.39 | 0.12 | 145.11 | 30.14 | 78.06 | 80.06 | 3.24 |
| 35MW | 1029.61 | 883.68 | 35.06 | 1.38 | 144.76 | 35.96 | 79.56 | 81.60 | 3.19 |
| 37MW | 1029.56 | 883.71 | 37.29 | 1.15 | 144.57 | 38.25 | 81.08 | 83.16 | 3.13 |
| 40MW | 1029.50 | 883.62 | 40.07 | 1.83 | 144.42 | 41.10 | 81.93 | 84.04 | 3.10 |
| 41MW | 1029.50 | 883.68 | 40.72 | 0.96 | 144.30 | 41.76 | 81.81 | 83.91 | 3.11 |
| 42MW | 1029.45 | 883.68 | 41.44 | 1.94 | 144.17 | 42.50 | 81.28 | 83.36 | 3.13 |

续表

| 工况 | 上游水位（m） | 下游水位（m） | 机组有功功率（MW） | 实测水头损失（m） | 净水头（m） | 水轮机功率（MW） | 机组效率（%） | 水轮机效率（%） | 水耗率[m³/（kW·h）] |
|---|---|---|---|---|---|---|---|---|---|
| 43MW | 1029.45 | 883.68 | 42.41 | 1.87 | 144.12 | 43.50 | 82.18 | 84.29 | 3.10 |
| 44MW | 1029.38 | 883.66 | 43.51 | 1.67 | 143.91 | 44.63 | 80.78 | 82.86 | 3.16 |
| 45MW | 1029.38 | 883.66 | 44.47 | 2.01 | 143.88 | 45.61 | 81.90 | 84.00 | 3.11 |

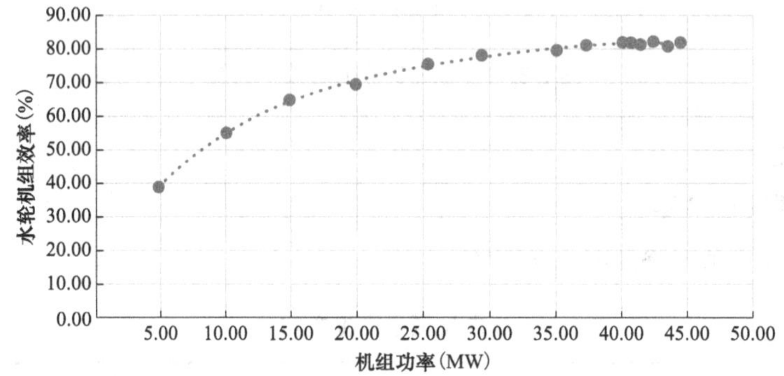


图 6-4　B 电站 1 号机组效率曲线

B 电站 3 号机组效率试验实测数据汇总如表 6-7 所示，其效率曲线如图 6-5 所示。

**表 6-7　　B 电站 3 号机组效率试验实测数据汇总表**

| 工况 | 上游水位（m） | 下游水位（m） | 机组有功功率（MW） | 实测水头损失（m） | 净水头（m） | 水轮机功率（MW） | 机组效率（%） | 水轮机效率（%） | 水耗率[m³/（kW·h）] |
|---|---|---|---|---|---|---|---|---|---|
| 0MW | 1029.61 | 883.56 | 0.37 | — | — | — | — | — | — |
| 5MW | 1029.62 | 883.54 | 5.08 | 0.30 | 0.30 | 5.21 | 42.04 | 43.11 | 5.99 |
| 10MW | 1029.62 | 883.54 | 10.44 | 0.74 | 0.39 | 10.71 | 47.66 | 48.88 | 5.28 |
| 15MW | 1029.59 | 883.60 | 15.38 | 0.42 | 0.49 | 15.77 | 59.71 | 61.24 | 4.22 |
| 20MW | 1029.59 | 883.60 | 21.29 | 0.50 | 0.64 | 21.84 | 68.64 | 70.40 | 3.68 |
| 25MW | 1029.55 | 883.59 | 25.82 | 0.57 | 0.79 | 26.48 | 73.30 | 75.18 | 3.45 |
| 30MW | 1029.55 | 883.59 | 31.90 | 1.10 | 0.99 | 32.72 | 79.49 | 81.52 | 3.18 |
| 35MW | 1029.52 | 883.59 | 36.05 | 0.99 | 1.23 | 36.97 | 78.93 | 80.96 | 3.21 |
| 37MW | 1029.52 | 883.59 | 38.66 | 0.92 | 1.34 | 39.65 | 80.97 | 83.04 | 3.13 |
| 40MW | 1029.47 | 883.58 | 41.72 | 1.87 | 1.49 | 42.79 | 82.45 | 84.56 | 3.08 |
| 41MW | 1029.41 | 883.61 | 42.28 | 1.32 | 1.54 | 43.36 | 82.00 | 84.11 | 3.10 |
| 42MW | 1029.41 | 883.61 | 43.92 | 1.59 | 1.61 | 45.05 | 83.39 | 85.52 | 3.05 |
| 43MW | 1029.33 | 883.59 | 44.23 | 1.61 | 1.62 | 45.36 | 83.60 | 85.74 | 3.05 |
| 44MW | 1029.28 | 883.59 | 45.77 | 1.48 | 1.73 | 46.94 | 83.61 | 85.75 | 3.05 |
| 45MW | 1029.22 | 883.58 | 46.53 | 1.98 | 1.78 | 47.72 | 83.83 | 85.98 | 3.04 |

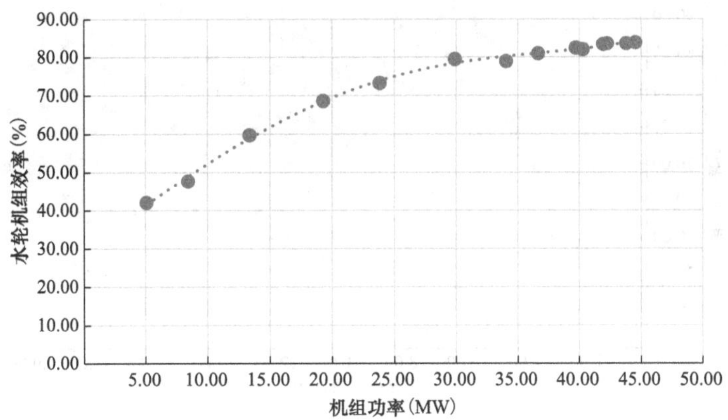


图 6-5 B 电站 3 号机组效率曲线

## 三、C 电站

### （一）项目实施内容

C 电站项目实施内容如表 6-8 所示。

表 6-8 C 电站项目实施内容

| 序号 | 机 组 | 项目实施内容 |
| --- | --- | --- |
| 1 | 1 号机组 | 1. 机组效率采集监测分析<br>2. 机组效率曲线拟合分析<br>3. 水电站最优有功功率控制分配<br>4. 其他数据通信 |
| 2 | 2 号机组 | |

### （二）试验数据

C 电站 2 号机组效率试验实测数据汇总如表 6-9 所示，其效率曲线如图 6-6 所示。

表 6-9 C 电站 2 号机组效率试验实测数据汇总表

| 工况 | 上游水位（m） | 下游水位（m） | 机组有功（MW） | 实测水头损失（m） | 净水头（m） | 水轮机功率（MW） | 机组效率（%） | 水轮机效率（%） | 水耗率[$m^3$/（kW·h）] |
| --- | --- | --- | --- | --- | --- | --- | --- | --- | --- |
| 0MW | 883.76 | 836.57 | 0.59 | — | — | — | — | — | — |
| 2MW | 883.76 | 837.19 | 1.81 | 0.55 | 46.19 | 2.13 | 40.54 | 41.36 | 19.60 |
| 4MW | 883.76 | 837.19 | 4.22 | 0.45 | 46.08 | 4.05 | 63.25 | 64.54 | 12.59 |
| 6MW | 883.76 | 837.38 | 6.06 | 0.52 | 45.77 | 6.23 | 71.81 | 73.27 | 11.17 |
| 8MW | 883.74 | 837.38 | 7.97 | 0.74 | 45.53 | 8.25 | 72.98 | 74.47 | 11.05 |
| 10MW | 883.74 | 837.58 | 10.10 | 1.00 | 45.02 | 10.19 | 74.65 | 76.17 | 10.92 |
| 12MW | 883.74 | 837.58 | 11.98 | 1.29 | 44.69 | 12.23 | 75.59 | 77.14 | 10.86 |
| 14MW | 883.74 | 837.95 | 14.00 | 1.81 | 44.00 | 14.30 | 79.63 | 81.25 | 10.47 |
| 16MW | 883.75 | 837.95 | 16.30 | 2.32 | 43.58 | 16.30 | 82.42 | 84.10 | 10.22 |
| 18MW | 883.75 | 837.95 | 17.91 | 2.89 | 42.90 | 18.39 | 79.09 | 80.70 | 10.82 |

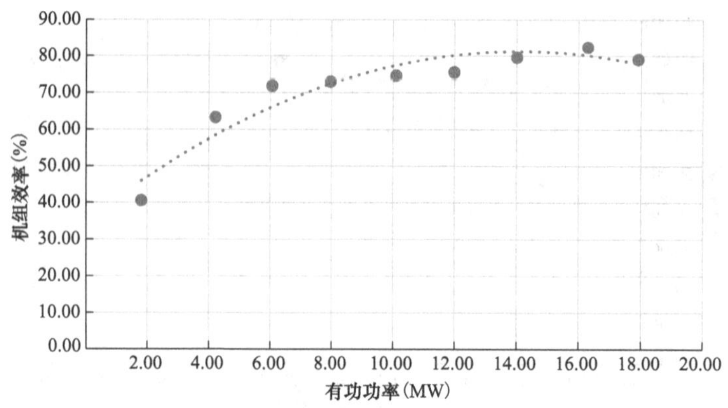


图 6-6　C 电站 2 号机组效率曲线

## 第二节　效率测试实例及其曲线拟合

以下数据是从实施电站效率测量系统获得的实际测量数据，因为数据量较大，限于篇幅，仅列出若干个典型机组上的效率测量数据以及曲线拟合后的结果，用以说明实施的效果。

### 一、实例一：四级 A 电站 2 号机组效率测量及曲线拟合

（一）基础测量数据

1. 53m 水头测量数据

四级 A 电站 2 号机组 53m 水头测量数据如表 6-10 所示，其效率—功率曲线如图 6-7 所示。

**表 6-10　　四级 A 电站 2 号机组 53 米水头测量数据**

| 相对效率（%） | 机组功率（MW） | 耗水率［$m^3$/（kW·h）］ | 流量（$m^3$/s） |
|---|---|---|---|
| 58.780 | 3.230 | 11.433 | 10.258 |
| 66.435 | 5.930 | 10.157 | 16.730 |
| 75.870 | 8.280 | 8.852 | 20.359 |
| 78.560 | 11.780 | 8.559 | 28.007 |
| 81.210 | 14.760 | 8.293 | 34.001 |
| 82.762 | 17.167 | 8.143 | 38.829 |
| 83.662 | 17.236 | 8.033 | 38.460 |
| 82.260 | 17.593 | 8.162 | 39.889 |
| 82.413 | 17.609 | 8.189 | 40.057 |
| 82.171 | 17.660 | 8.150 | 39.979 |
| 82.572 | 17.683 | 8.148 | 40.025 |

续表

| 相对效率（%） | 机组功率（MW） | 耗水率［$m^3$/（kW·h）］ | 流量（$m^3$/s） |
|---|---|---|---|
| 82.754 | 17.713 | 8.121 | 39.955 |
| 82.858 | 17.735 | 8.087 | 39.84 |
| 81.512 | 17.755 | 8.236 | 40.618 |
| 82.479 | 17.793 | 8.178 | 40.419 |
| 82.358 | 17.797 | 8.137 | 40.227 |
| 82.509 | 17.999 | 8.162 | 40.81 |
| 81.974 | 18.038 | 8.219 | 41.182 |
| 83.377 | 18.062 | 8.058 | 40.430 |
| 83.177 | 18.064 | 8.052 | 40.403 |
| 83.264 | 18.070 | 8.084 | 40.578 |
| 83.980 | 18.087 | 7.993 | 40.157 |
| 83.583 | 18.143 | 8.013 | 40.385 |

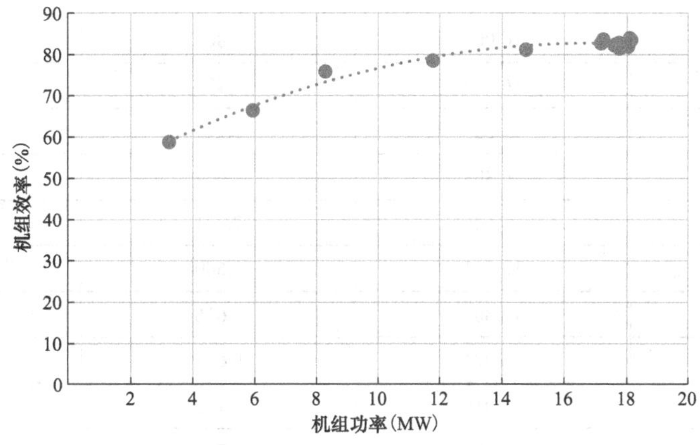


图 6-7 四级 A 电站 2 号机组 53m 水头下的效率—功率曲线

2. 56m 水头测量数据

四级 A 电站 2 号机组 56m 水头测量数据如表 6-11 所示，其效率—功率曲线如图 6-8 所示。

**表 6-11　　　　四级 A 电站 2 号机组 56m 水头测量数据**

| 相对效率（%） | 机组功率（MW） | 耗水率［$m^3$/（kW·h）］ | 流量（$m^3$/s） |
|---|---|---|---|
| 57.090 | 3.987 | 11.141 | 12.338 |
| 65.980 | 6.531 | 9.659 | 17.523 |
| 75.670 | 9.120 | 8.409 | 21.303 |
| 77.876 | 11.88 | 8.152 | 26.902 |

续表

| 相对效率（%） | 机组功率（MW） | 耗水率［$m^3$/（kW·h）］ | 流量（$m^3$/s） |
|---|---|---|---|
| 80.797 | 14.706 | 7.849 | 32.064 |
| 80.021 | 14.805 | 7.918 | 32.565 |
| 82.140 | 14.901 | 7.764 | 32.139 |
| 81.484 | 15.004 | 7.782 | 32.436 |
| 82.873 | 15.104 | 7.698 | 32.298 |
| 81.490 | 15.205 | 7.773 | 32.829 |
| 82.707 | 15.325 | 7.677 | 32.681 |
| 81.317 | 15.409 | 7.794 | 33.359 |
| 82.006 | 15.508 | 7.790 | 33.557 |
| 82.335 | 15.603 | 7.726 | 33.484 |
| 82.289 | 15.720 | 7.727 | 33.739 |
| 80.761 | 15.827 | 7.851 | 34.517 |
| 82.804 | 15.902 | 7.662 | 33.843 |
| 81.326 | 16.009 | 7.803 | 34.699 |
| 82.241 | 16.104 | 7.735 | 34.600 |
| 82.723 | 16.233 | 7.719 | 34.805 |
| 83.843 | 16.309 | 7.607 | 34.463 |
| 82.384 | 16.686 | 7.721 | 35.787 |
| 83.534 | 16.711 | 7.609 | 35.321 |
| 83.463 | 16.807 | 7.616 | 35.556 |
| 83.094 | 16.921 | 7.622 | 35.825 |
| 82.062 | 17.010 | 7.772 | 36.722 |
| 82.794 | 17.103 | 7.702 | 36.591 |
| 83.597 | 17.202 | 7.610 | 36.365 |
| 83.704 | 17.310 | 7.599 | 36.538 |
| 82.828 | 17.433 | 7.692 | 37.249 |
| 82.167 | 17.543 | 7.733 | 37.685 |
| 82.518 | 17.608 | 7.676 | 37.542 |
| 83.311 | 17.707 | 7.653 | 37.644 |
| 83.279 | 17.801 | 7.633 | 37.741 |
| 82.269 | 18.101 | 7.731 | 38.872 |
| 83.491 | 18.201 | 7.604 | 38.443 |
| 83.331 | 18.303 | 7.614 | 38.71 |
| 80.202 | 18.401 | 7.958 | 40.679 |

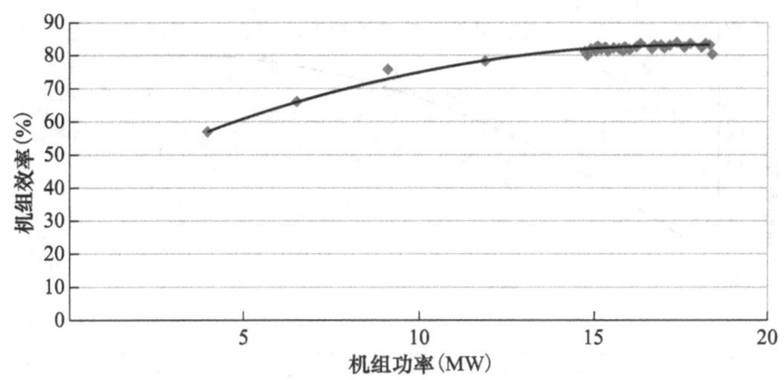


图 6-8 四级 A 电站 2 号机组 56m 水头下的效率—功率曲线

3. 59m 水头测量数据

四级 A 电站 2 号机组 59m 水头测量数据如表 6-12 所示，其效率—功率曲线如图 6-9 所示。

**表 6-12　　　　四级 A 电站 2 号机组 59m 水头测量数据**

| 相对效率（%） | 机组功率（MW） | 耗水率［$m^3$/（kW·h）］ | 流量（$m^3$/s） |
|---|---|---|---|
| 20.354 | 1.077 | 29.787 | 8.911 |
| 52.490 | 2.843 | 11.491 | 9.075 |
| 58.761 | 4.510 | 10.245 | 12.835 |
| 69.760 | 8.860 | 8.661 | 21.316 |
| 74.860 | 10.342 | 8.047 | 23.117 |
| 77.784 | 12.733 | 7.750 | 27.410 |
| 77.650 | 12.965 | 7.780 | 28.018 |
| 78.124 | 12.995 | 7.725 | 27.883 |
| 77.373 | 13.008 | 7.830 | 28.291 |
| 79.465 | 13.069 | 7.629 | 27.694 |
| 79.756 | 13.132 | 7.587 | 27.676 |
| 78.760 | 13.195 | 7.652 | 28.046 |
| 77.574 | 13.209 | 7.761 | 28.475 |
| 78.544 | 13.210 | 7.690 | 28.218 |
| 81.058 | 17.172 | 7.477 | 35.666 |
| 81.725 | 17.196 | 7.415 | 35.419 |
| 81.382 | 17.300 | 7.436 | 35.736 |
| 82.072 | 18.267 | 7.387 | 37.481 |

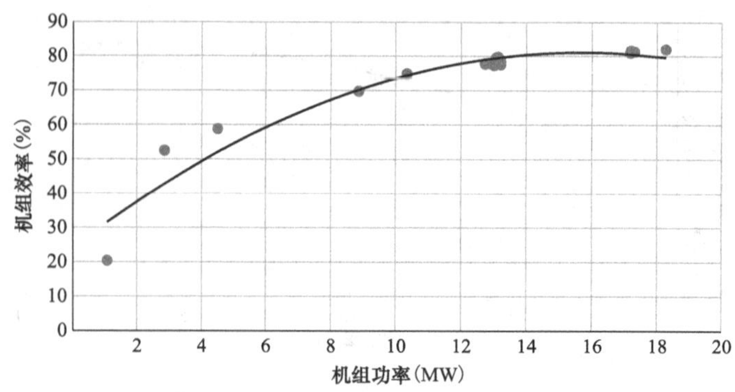


图 6-9　四级 A 电站 2 号机组 59m 水头下的效率—功率曲线

4. 61m 水头测量数据

四级 A 电站 2 号机组 61m 水头测量数据如表 6-13 所示，其效率—功率曲线如图 6-10 所示。

表 6-13　　四级 A 电站 2 号机组 61m 水头测量数据

| 相对效率（%） | 机组功率（MW） | 耗水率［$m^3$/（kW·h）］ | 流量（$m^3$/s） |
|---|---|---|---|
| 53.000 | 5.870 | 10.906 | 17.783 |
| 67.980 | 8.980 | 8.521 | 21.256 |
| 71.000 | 11.012 | 8.144 | 24.913 |
| 74.702 | 12.569 | 7.735 | 27.007 |
| 76.682 | 15.856 | 7.549 | 33.247 |
| 77.620 | 15.881 | 7.475 | 32.977 |
| 77.520 | 15.914 | 7.481 | 33.069 |
| 77.603 | 16.460 | 7.497 | 34.278 |
| 78.395 | 16.699 | 7.410 | 34.374 |
| 78.566 | 16.748 | 7.391 | 34.385 |
| 78.868 | 16.760 | 7.351 | 34.224 |
| 78.251 | 16.797 | 7.403 | 34.543 |
| 77.839 | 16.879 | 7.430 | 34.836 |
| 77.167 | 16.898 | 7.486 | 35.141 |
| 77.363 | 17.021 | 7.518 | 35.547 |
| 77.229 | 17.033 | 7.521 | 35.583 |
| 76.348 | 18.052 | 7.620 | 38.208 |

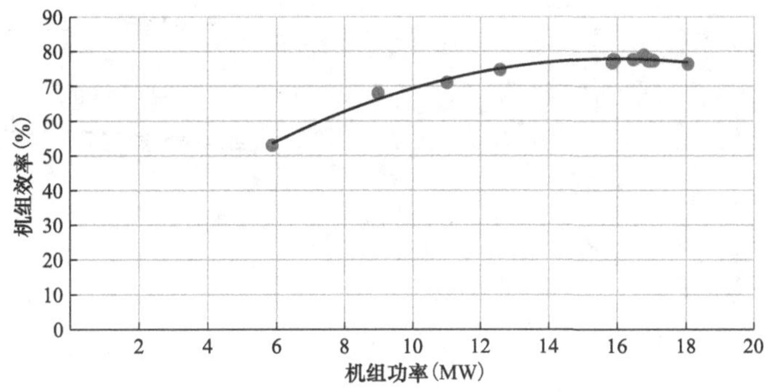


图 6-10 四级 A 电站 2 号机组 61m 水头下的效率—功率曲线

（二）效率曲线拟合结果

1. 水头—功率—相对效率拟合曲面

如图 6-11 所示为水头—功率—相对效率拟合曲面。

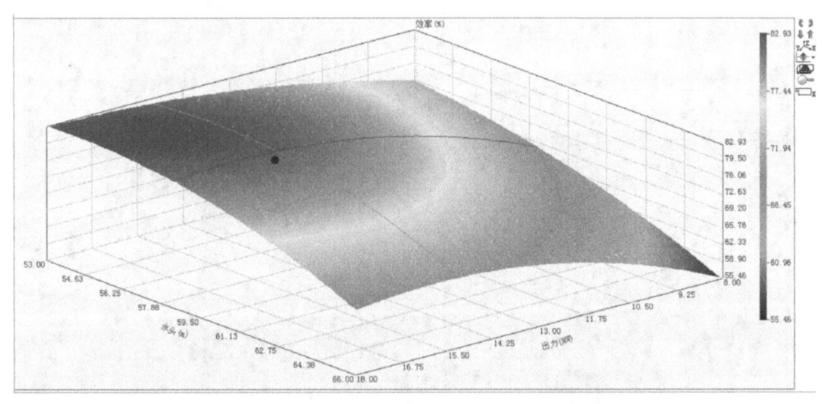

图 6-11 水头—功率—相对效率拟合曲面

拟合后效率估算模型方程为：

$$\xi = 0.0012447609019855H^2P^2 + (-0.035647797777857)H^2P + 0.13635783193979H^2 + (-0.15843435948454)HP^2 + 4.5293968408455HP + (-19.189865214118)H + 4.7960201554886P^2 + (-136.17590062848)P + 683.13225994977 \tag{6-1}$$

式中：$H$ 为机组工作水头；$P$ 为机组功率。

2. 等水头下的功率—相对效率拟合曲线

如图 6-12 所示为等水头下的功率—相对效率拟合曲线。

3. 等负荷下的水头—相对效率拟合曲线

如图 6-13 所示为等负荷下的水头—相对效率拟合曲线。

4. 等相对效率下的水头—负荷拟合曲线

如图 6-14 所示为等相对效率下的水头—负荷拟合曲线。

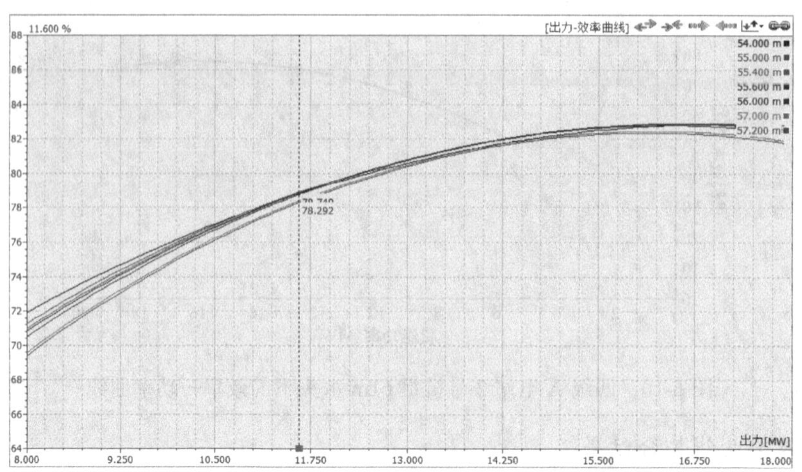


图 6-12　等水头下的功率—相对效率拟合曲线

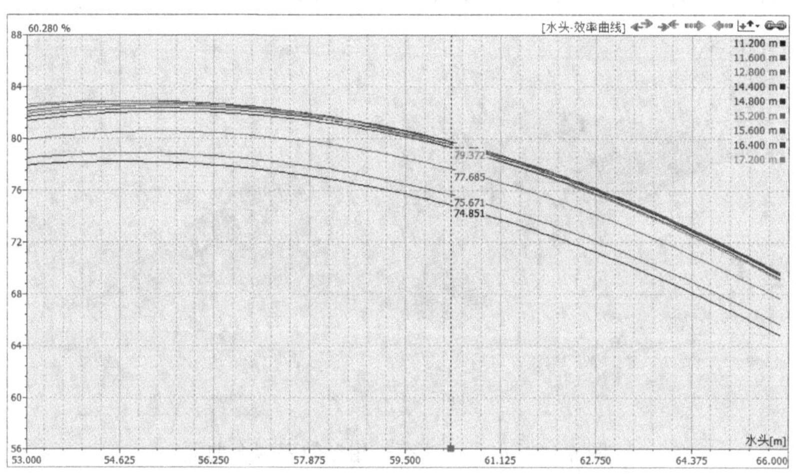


图 6-13　等负荷下的水头—相对效率拟合曲线

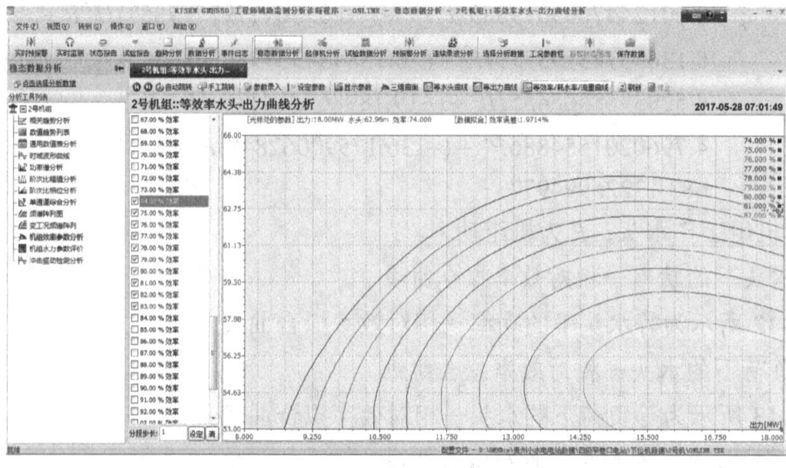


图 6-14　等相对效率水头—负荷曲线

## 二、实例二：四级 A 电站 3 号机组效率测量及曲线拟合

### （一）基础测量数据

四级 A 电站 3 号机组 53m 水头测量数据如表 6-14 所示，其效率—功率曲线如图 6-15 所示。

表 6-14　　四级 A 电站 3 号机组 53m 水头测量数据

| 效率（%） | 出力（MW） | 耗水率［$m^3$/（kW・h）］ | 流量（$m^3$/s） |
|---|---|---|---|
| 35.354 | 1.187 | 18.981 | 6.258 |
| 52.013 | 3.370 | 12.908 | 12.084 |
| 60.993 | 5.892 | 11.063 | 18.106 |
| 72.873 | 11.840 | 9.227 | 30.346 |
| 78.980 | 14.856 | 8.527 | 35.189 |
| 80.294 | 17.579 | 8.337 | 40.709 |
| 82.201 | 17.594 | 8.205 | 40.101 |
| 82.175 | 17.613 | 8.183 | 40.035 |
| 82.469 | 17.684 | 8.132 | 39.946 |
| 82.378 | 18.095 | 8.154 | 40.983 |
| 81.490 | 18.162 | 8.223 | 41.486 |
| 83.888 | 18.302 | 7.988 | 40.612 |

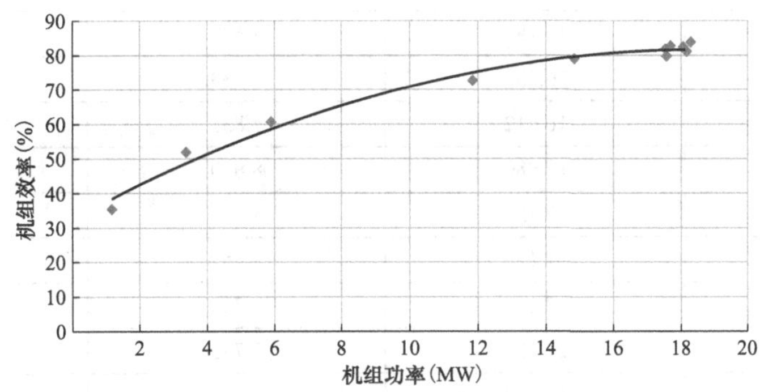


图 6-15　四级 A 电站 3 号机组 53m 水头下的效率—功率曲线

四级 A 电站 3 号机组 56m 水头测量数据如表 6-15 所示，其效率—功率曲线如图 6-16 所示。

表 6-15　　四级 A 电站 3 号机组 56m 水头测量数据

| 效率（%） | 出力（MW） | 耗水率［$m^3$/（kW・h）］ | 流量（$m^3$/s） |
|---|---|---|---|
| 30.678 | 2.130 | 20.783 | 12.296 |
| 40.320 | 3.291 | 15.843 | 14.483 |
| 57.090 | 6.310 | 11.145 | 19.535 |
| 67.090 | 9.080 | 9.485 | 23.922 |

续表

| 效率（%） | 出力（MW） | 耗水率［m³/（kW·h）］ | 流量（m³/s） |
|---|---|---|---|
| 72.876 | 12.010 | 8.715 | 29.075 |
| 75.657 | 14.763 | 8.443 | 34.625 |
| 76.094 | 14.817 | 8.389 | 34.527 |
| 74.021 | 14.831 | 8.606 | 35.454 |
| 76.096 | 14.856 | 8.364 | 34.516 |
| 74.361 | 14.946 | 8.535 | 35.434 |
| 80.494 | 16.122 | 7.887 | 35.319 |
| 82.506 | 16.127 | 7.701 | 34.499 |
| 82.154 | 16.139 | 7.729 | 34.65 |
| 81.540 | 16.142 | 7.785 | 34.909 |
| 82.904 | 16.146 | 7.654 | 34.330 |
| 80.878 | 16.149 | 7.836 | 35.149 |
| 81.681 | 16.156 | 7.775 | 34.893 |
| 83.538 | 16.170 | 7.586 | 34.074 |
| 81.701 | 16.171 | 7.766 | 34.882 |
| 82.015 | 16.172 | 7.738 | 34.760 |
| 81.118 | 16.173 | 7.810 | 35.086 |
| 83.472 | 16.186 | 7.599 | 34.165 |
| 82.902 | 16.187 | 7.649 | 34.393 |
| 81.066 | 16.338 | 7.833 | 35.549 |
| 80.889 | 16.412 | 7.837 | 35.730 |
| 79.338 | 17.080 | 8.030 | 38.098 |
| 79.353 | 17.137 | 8.014 | 38.148 |
| 81.026 | 17.150 | 7.851 | 37.400 |
| 82.115 | 17.154 | 7.745 | 36.906 |
| 81.964 | 17.190 | 7.753 | 37.018 |
| 81.105 | 17.192 | 7.835 | 37.418 |
| 80.751 | 17.195 | 7.857 | 37.527 |
| 80.937 | 17.662 | 7.881 | 38.665 |
| 81.834 | 17.671 | 7.796 | 38.268 |
| 80.865 | 17.702 | 7.866 | 38.678 |
| 80.284 | 17.721 | 7.895 | 38.863 |
| 76.462 | 17.798 | 8.312 | 41.093 |
| 80.403 | 17.799 | 7.929 | 39.204 |
| 80.016 | 17.949 | 7.976 | 39.767 |
| 81.086 | 17.965 | 7.877 | 39.307 |
| 80.056 | 17.991 | 7.946 | 39.708 |
| 80.036 | 17.993 | 7.936 | 39.662 |

续表

| 效率（%） | 出力（MW） | 耗水率［$m^3$/（kW·h）］ | 流量（$m^3$/s） |
|---|---|---|---|
| 80.639 | 18.035 | 7.875 | 39.452 |
| 79.696 | 18.059 | 7.969 | 39.976 |
| 80.160 | 18.063 | 7.960 | 39.939 |
| 80.521 | 18.064 | 7.881 | 39.545 |
| 81.264 | 18.079 | 7.802 | 39.183 |
| 81.289 | 18.084 | 7.846 | 39.415 |
| 79.868 | 18.092 | 7.931 | 39.857 |
| 80.558 | 18.095 | 7.866 | 39.539 |
| 79.181 | 18.097 | 8.023 | 40.331 |
| 83.952 | 18.112 | 7.609 | 38.281 |
| 80.635 | 18.121 | 7.854 | 39.535 |
| 80.794 | 18.127 | 7.874 | 39.648 |
| 83.803 | 18.172 | 7.577 | 38.245 |
| 83.570 | 18.173 | 7.627 | 38.503 |
| 84.114 | 18.180 | 7.582 | 38.289 |
| 84.557 | 18.230 | 7.549 | 38.227 |
| 84.600 | 18.231 | 7.528 | 38.121 |
| 83.757 | 18.234 | 7.613 | 38.560 |
| 83.668 | 18.241 | 7.619 | 38.604 |
| 83.348 | 18.242 | 7.649 | 38.760 |
| 84.268 | 18.243 | 7.559 | 38.304 |
| 84.476 | 18.256 | 7.524 | 38.154 |
| 84.166 | 18.262 | 7.558 | 38.338 |
| 83.870 | 18.267 | 7.576 | 38.440 |
| 82.394 | 18.269 | 7.729 | 39.224 |
| 84.929 | 18.270 | 7.498 | 38.054 |
| 83.328 | 18.279 | 7.631 | 38.747 |
| 84.722 | 18.287 | 7.495 | 38.073 |
| 83.882 | 18.288 | 7.577 | 38.492 |
| 83.627 | 18.300 | 7.593 | 38.596 |
| 83.436 | 18.332 | 7.598 | 38.688 |
| 83.703 | 18.336 | 7.570 | 38.557 |
| 84.159 | 18.343 | 7.530 | 38.368 |
| 84.923 | 18.351 | 7.523 | 38.349 |
| 83.567 | 18.357 | 7.578 | 38.642 |
| 81.317 | 18.372 | 7.837 | 39.997 |
| 82.164 | 18.481 | 7.711 | 39.584 |
| 80.011 | 19.158 | 7.930 | 42.200 |

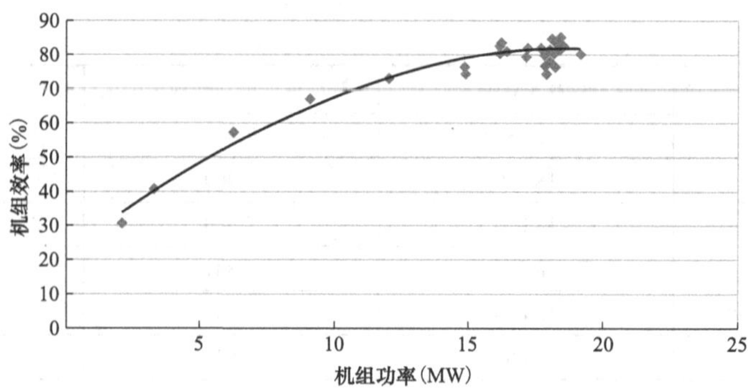


图 6-16　四级 A 电站 3 号机组 56m 水头下的效率—功率曲线

四级 A 电站 3 号机组 59m 水头测量数据如表 6-16 所示，其效率—功率曲线如图 6-17 所示。

**表 6-16　　四级 A 电站 3 号机组 59m 水头测量数据**

| 效率（%） | 出力（MW） | 耗水率 [$m^3$/（kW・h）] | 流量（$m^3$/s） |
|---|---|---|---|
| 18.254 | 1.117 | 33.168 | 10.291 |
| 38.490 | 2.892 | 15.695 | 12.608 |
| 46.670 | 4.497 | 12.896 | 16.109 |
| 62.187 | 7.801 | 9.681 | 20.978 |
| 65.183 | 8.900 | 9.250 | 22.869 |
| 67.696 | 11.319 | 8.906 | 28.002 |
| 69.489 | 12.713 | 8.662 | 30.588 |
| 72.063 | 12.846 | 8.371 | 29.872 |
| 69.543 | 12.871 | 8.707 | 31.129 |
| 70.705 | 13.083 | 8.519 | 30.960 |
| 71.303 | 13.155 | 8.462 | 30.922 |
| 69.417 | 13.158 | 8.669 | 31.685 |
| 67.942 | 13.175 | 8.853 | 32.400 |
| 73.388 | 13.181 | 8.263 | 30.256 |
| 70.693 | 13.233 | 8.576 | 31.526 |

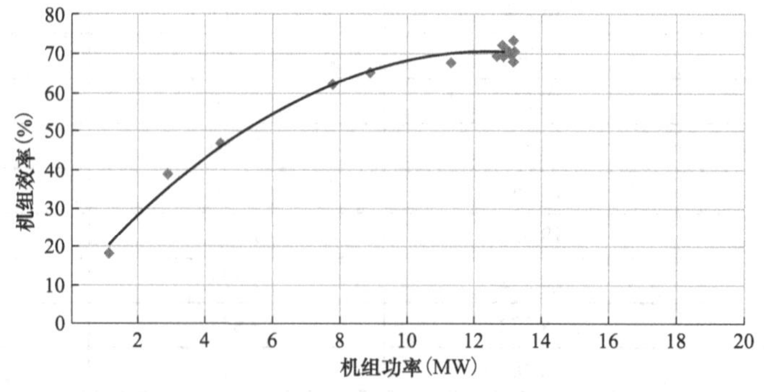


图 6-17　四级 A 电站 3 号机组 59m 水头下的效率—功率曲线

四级 A 电站 3 号机组 61m 水头测量数据如表 6-17 所示，其效率—功率曲线如图 6-18 所示。

表 6-17　　四级 A 电站 3 号机组 61m 水头测量数据

| 效率（%） | 出力（MW） | 耗水率［$m^3$/（kW·h）］ | 流量（$m^3$/s） |
|---|---|---|---|
| 30.910 | 5.670 | 18.700 | 29.452 |
| 49.753 | 9.013 | 11.643 | 29.150 |
| 58.132 | 11.119 | 9.947 | 30.723 |
| 64.690 | 12.607 | 8.933 | 31.281 |
| 66.779 | 15.763 | 8.668 | 37.954 |
| 68.162 | 15.879 | 8.513 | 37.548 |
| 69.731 | 16.198 | 8.404 | 37.813 |
| 71.228 | 16.211 | 8.211 | 36.973 |
| 70.949 | 16.218 | 8.247 | 37.154 |
| 72.679 | 16.224 | 8.048 | 36.271 |
| 70.708 | 16.249 | 8.272 | 37.335 |
| 70.567 | 16.251 | 8.288 | 37.411 |
| 71.001 | 16.253 | 8.237 | 37.186 |
| 72.147 | 16.283 | 8.105 | 36.659 |
| 72.146 | 16.703 | 8.124 | 37.692 |

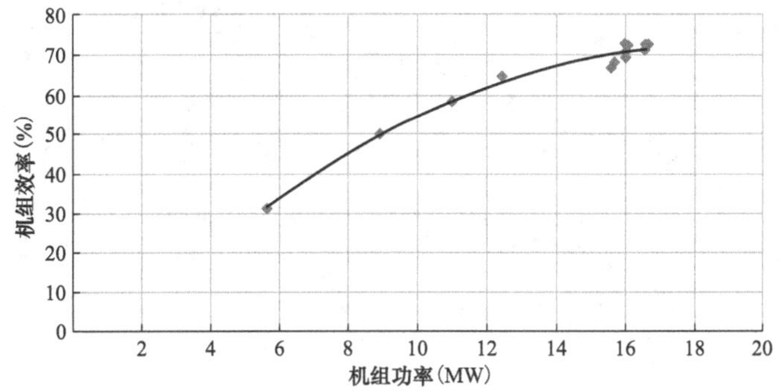


图 6-18　四级 A 电站 3 号机组 61m 水头下的效率—功率曲线

（二）效率曲线拟合结果

1. 水头—功率—相对效率拟合曲面

如图 6-19 所示为水头—功率—相对效率拟合曲面。

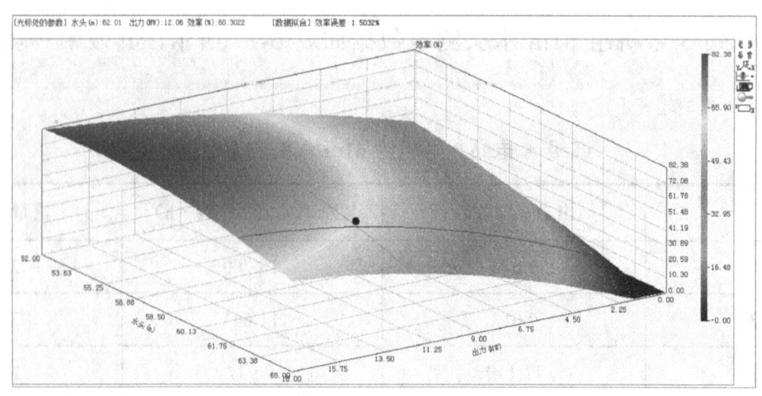

图 6-19　水头—功率—相对效率拟合曲面

拟合后效率估算模型方程为：

$$
\begin{aligned}
\xi = {} & 0.0014319089765200H^2P^2 + (-0.032084270362374)H^2P + \\
& (-0.10028335995603)H^2 + (-0.17125448422795)HP^2 + \\
& 3.9122244842488HP + 8.2743768964635H + \\
& 4.9391473457164P^2 + (-112.41800514633)P + \\
& (-123.92194072052)
\end{aligned}
\tag{6-2}
$$

式中：$H$ 为机组工作水头；$P$ 为机组功率。

2. 等水头下的功率—相对效率拟合曲线

如图 6-20 所示为等水头下的功率—相对效率拟合曲线。

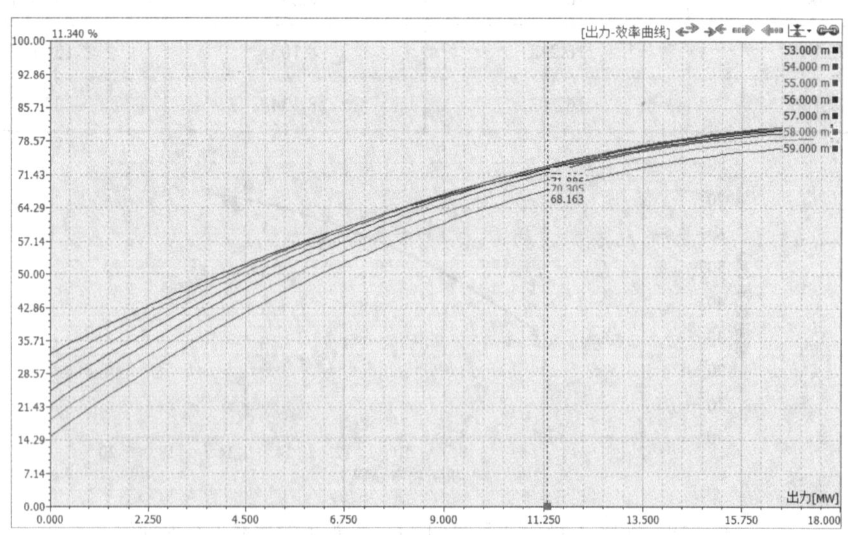


图 6-20　等水头下的功率—相对效率拟合曲线

3. 等负荷下的水头—相对效率拟合曲线

如图 6-21 所示为等负荷下的水头—相对效率拟合曲线。

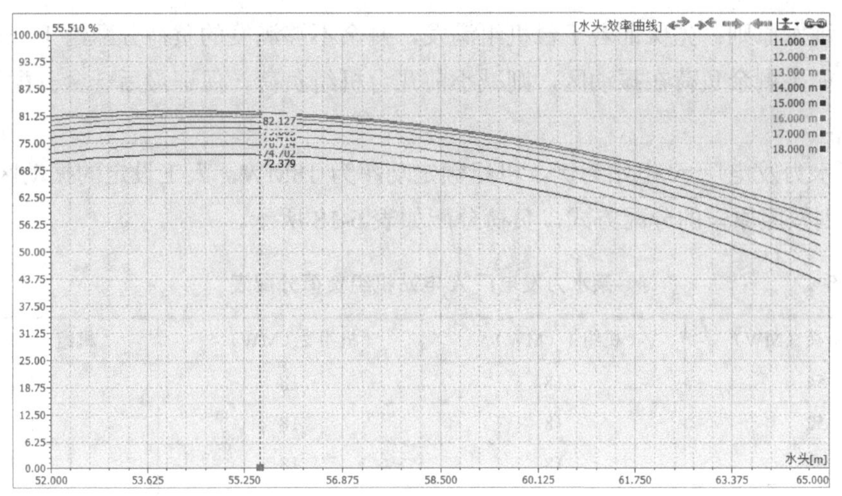


图 6-21 等负荷下的水头—相对效率拟合曲线

4. 等相对效率下的水头—负荷拟合曲线

如图 6-22 所示为等相对效率下的水头—负荷拟合曲线。

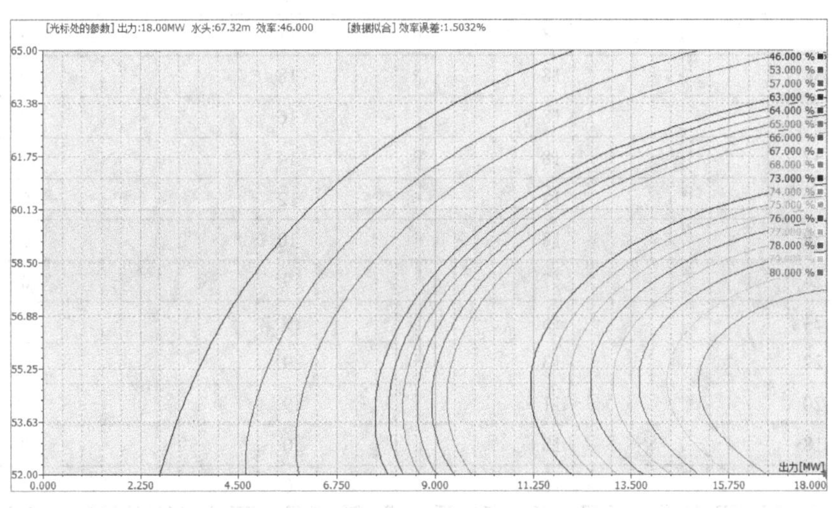


图 6-22 等相对效率下的水头—负荷曲线

# 第三节 最优负荷分配实例

## 一、原负荷分配策略

在未实施之前，某水力发电厂对于负荷的分配，严格说来并不是从水能利用率最高为目标设计实施的。一是因为该厂原本没有有效的水头—负荷—效率模型作为支撑；二是，在“重建轻管”的主导意识下，也未将效率最优当作目标去设计实施。在实际操作过程中，其负荷分配的策略较为简单粗放：

（1）满发原则：先保证若干台机组满发，剩余不够满发的负荷分配给下一台机组。

（2）如果剩余负荷在振动区，则减小前几台机组负荷，保证最后一台分配的机组不在振动区。

以某水力发电厂 A 电站为例，机组额定功率为 18MW，人工设定的振动区为［5～9MW］，则按照原来的分配方式，负荷分配如表 6-18 所示。

**表 6-18　　某水力发电厂 A 电站机组负荷分配表**

| 总给定负荷（MW） | 机组 1（MW） | 机组 2（MW） | 机组 3（MW） |
|---|---|---|---|
| 54 | 18 | 18 | 18 |
| 52 | 18 | 18 | 16 |
| 50 | 18 | 18 | 14 |
| 48 | 18 | 18 | 12 |
| 46 | 18 | 18 | 12 |
| 45 | 18 | 18 | 9 |
| 42 | 18 | 15 | 9 |
| 40 | 18 | 13 | 9 |
| 38 | 18 | 11 | 9 |
| 36 | 18 | 18 | 0 |
| 34 | 18 | 16 | 0 |
| 32 | 18 | 14 | 0 |
| 30 | 18 | 12 | 0 |
| 28 | 18 | 10 | 0 |
| 26 | 17 | 9 | 0 |
| 24 | 15 | 9 | 0 |
| 22 | 13 | 9 | 0 |
| 20 | 11 | 9 | 0 |
| 18 | 18 | 0 | 0 |
| 16 | 16 | 0 | 0 |

注　在实际实施中，机组 1、机组 2、机组 3 并不严格对应 1 号机组、2 号机组、3 号机组，具体分配需要根据实际机组的运行状态确定。

从上述分配策略来看，这种分配策略执行较为简单，并不能保证全电站综合效率最高，水能利用率最高。

## 二、基于最优负荷分配策略的水能利用率对比分析

水能利用率计算公式为：

$$\text{水能利用率}=[\text{水电厂年发电量}(\text{kW}\cdot\text{h})\times 3600]/[\text{水库年来水总量}(\text{m}^3)]\times\text{工作水头}(\text{m})\times 9.81] \tag{6-3}$$

水轮机效率计算公式为：

$$\eta_{\mathrm{t}} = \frac{N_{\mathrm{g}}}{\eta_{\mathrm{g}} Q H g} \tag{6-4}$$

式中：$\eta_{\mathrm{t}}$为水轮机效率，%；$N_{\mathrm{g}}$为发电机功率，%；$\eta_{\mathrm{g}}$为发电机效率，%；$Q_{\mathrm{g}}$为机组流量，$m^2/s$；$H$为工作水头，m；$g$为当地重力加速度，$m/s^2$。

$$\text{水电厂年发电量（kW·h）} = \frac{\int_0^{t_0} N_{\mathrm{g}}(t)\mathrm{d}t}{3600} \tag{6-5}$$

$$\text{水库年来水总量（m}^3\text{）} = \int_0^{t_0} Q_{\mathrm{g}}(t)\mathrm{d}t \tag{6-6}$$

$$\begin{aligned}\text{水能利用率} &= \frac{\dfrac{\int_0^{t_0} N_{\mathrm{g}}(t)\mathrm{d}t}{3600}\times 3600}{\int_0^{t_0} Q_{\mathrm{g}}(t)\mathrm{d}t \times H(t)\times g} = \int_0^{t_0}\frac{N_{\mathrm{g}}(t)}{Q_{\mathrm{g}}(t)}\mathrm{d}t\frac{1}{H(t)\times g} \\ &= \int_0^{t_0}[\eta_{\mathrm{t}}(t)\times H(t)\times \eta_{\mathrm{g}}\times g]\mathrm{d}t\frac{1}{H(t)\times g} \\ &= \frac{\eta_{\mathrm{g}}\times\int_0^{t_0}[\eta_{\mathrm{t}}(t)]\mathrm{d}t}{t_0}\end{aligned} \tag{6-7}$$

式中：$\eta_{\mathrm{g}}(t)$为水轮机实时效率与时间函数；$N_{\mathrm{g}}(t)$为发电机功率与时间函数；$Q_{\mathrm{g}}(t)$为机组流量与时间函数；$\eta_{\mathrm{g}}$为发电机效率；$H(t)$为工作水头；$g$为当地重力加速度。

由此可以看出，电站水能利用率为水轮机效率在一段时间内的平均值，本文通过提高一段时间内的水轮机效率平均值来实现提高水能利用率的效果。

在实施之后，综合考虑机组的稳定性指标，电站的最优负荷分配策略保证了水能利用率实现最大化。

以A电站为实例进行说明，具体最优负荷分配策略和原分配策略的对比分析如表6-19所示。

**表6-19　　最优负荷分配策略和原分配策略对比分析　　工作水头：57m**

| 总给定负荷（MW） | 原分配策略 | | | | | 最优负荷分配策略 | | | | | 对比分析数据 | | |
|---|---|---|---|---|---|---|---|---|---|---|---|---|---|
| | 机组1（MW） | 机组2（MW） | 机组3（MW） | 平均效率$\xi_o$（%） | 总流量$Q_o$（$m^3/s$） | 机组1（MW） | 机组2（MW） | 机组3（MW） | 平均效率$\xi_o$（%） | 总流量$Q_o$（$m^3/s$） | $\xi_n \xi_o$（%） | $Q_o$–$Q_n$（$m^3/s$） | $\Delta Q_p$（%） |
| 54 | 18 | 18 | 18 | 82.349 | 117.893 | 18 | 18 | 18 | 82.349 | 117.893 | 0 | 0 | 0 |
| 52 | 18 | 18 | 16 | 82.535 | 112.563 | 17.0 | 17.7 | 17.3 | 82.745 | 112.317 | 0.210 | 0.246 | 0.219 |
| 50 | 18 | 18 | 14 | 81.888 | 107.515 | 16.3 | 17.1 | 16.6 | 82.788 | 106.248 | 0.900 | 1.267 | 1.178 |
| 48 | 18 | 18 | 12 | 80.808 | 104.117 | 15.3 | 16.6 | 16.1 | 82.956 | 101.346 | 2.148 | 2.771 | 2.661 |
| 46 | 18 | 18 | 10 | 78.973 | 101.493 | 14.4 | 16.1 | 15.5 | 82.931 | 97.784 | 3.958 | 3.709 | 3.654 |
| 44 | 18 | 17 | 9 | 77.990 | 97.097 | 13.4 | 15.6 | 15.0 | 82.695 | 93.576 | 4.705 | 3.521 | 3.626 |

续表

| 总给定负荷（MW） | 原分配策略 | | | | | 最优负荷分配策略 | | | | | 对比分析数据 | | |
|---|---|---|---|---|---|---|---|---|---|---|---|---|---|
| | 机组 1（MW） | 机组 2（MW） | 机组 3（MW） | 平均效率 $\xi_o$（%） | 总流量 $Q_o$（$m^3/s$） | 机组 1（MW） | 机组 2（MW） | 机组 3（MW） | 平均效率 $\xi_o$（%） | 总流量 $Q_o$（$m^3/s$） | $\xi_n$-$\xi_o$（%） | $Q_o$-$Q_n$（$m^3/s$） | $\Delta Q_p$（%） |
| 42 | 18 | 15 | 9 | 77.830 | 93.119 | 12.3 | 15.2 | 14.5 | 82.252 | 89.760 | 4.422 | 3.359 | 3.607 |
| 40 | 18 | 13 | 9 | 76.881 | 90.341 | 11.0 | 14.9 | 14.1 | 81.580 | 86.174 | 4.699 | 4.167 | 4.613 |
| 38 | 18 | 11 | 9 | 75.139 | 87.201 | 9.3 | 14.7 | 14.0 | 80.610 | 82.674 | 5.471 | 4.527 | 5.191 |
| 36 | 18 | 18 | 0 | 81.984 | 77.096 | 18 | 18 | 0 | 81.984 | 77.096 | 0 | 0 | 0 |
| 34 | 18 | 16 | 0 | 82.337 | 72.622 | 18 | 16 | 0 | 82.337 | 72.622 | 0 | 0 | 0 |
| 32 | 18 | 14 | 0 | 81.501 | 68.905 | 15.5 | 16.5 | 0 | 83.084 | 67.405 | 1.583 | 1.500 | 2.177 |
| 30 | 18 | 12 | 0 | 79.481 | 65.852 | 14.5 | 15.5 | 0 | 82.964 | 63.337 | 3.483 | 2.515 | 3.819 |
| 28 | 18 | 10 | 0 | 76.275 | 63.277 | 13.1 | 14.9 | 0 | 82.479 | 59.726 | 6.204 | 3.551 | 5.612 |
| 26 | 17 | 9 | 0 | 74.647 | 59.879 | 11.7 | 14.3 | 0 | 81.570 | 56.205 | 6.923 | 3.674 | 6.136 |
| 24 | 15 | 9 | 0 | 74.980 | 55.389 | 10.0 | 14.0 | 0 | 80.218 | 52.455 | 5.238 | 2.934 | 5.297 |
| 22 | 13 | 9 | 0 | 74.658 | 51.318 | 9 | 13 | 0 | 78.460 | 49.201 | 3.802 | 2.117 | 4.125 |
| 20 | 11 | 9 | 0 | 73.684 | 47.755 | 9 | 11 | 0 | 75.851 | 46.277 | 2.167 | 1.478 | 3.095 |
| 18 | 18 | 0 | 0 | 82.173 | 38.585 | 18 | 0 | 0 | 82.173 | 38.585 | 0 | 0 | 0 |
| 16 | 16 | 0 | 0 | 83.485 | 33.608 | 16 | 0 | 0 | 83.485 | 33.608 | 0 | 0 | 0 |

（1）该机组 $k$ 值按照如下数据计算：1 号机组 $k=7.4$，2 号机组 $k=7.85$，3 号机组 $k=8.85$。

（2）$\Delta Q_p=\dfrac{Q_o-Q_n}{Q_o}\times 100$，为相同工况下全电站总流量减小的百分比；

（3）其中，表 6-19 中原分配策略中的流量 $Q_o$、效率 $\xi_o$ 以及最优负荷分配策略中的流量 $Q_n$、效率 $\xi_n$ 都基于效率测量系统获得的真实数据通过智能拟合后获得的水头—负荷—效率模型方程计算得出。另外需要说明的是，A 电站采用蜗壳差压法测量机组流量，由于蜗壳流量系数存在一定误差，严格说来，根据这个模型计算出来的效率应该为相对效率，但是依然能反映出不同水头、不同负荷下效率的变化规律，依然能用于进行最优负荷分配。

（4）在给定水头下，各机组效率—负荷曲线如表 6-20～表 6-22 和图 6-23～图 6-25 所示。

**表 6-20　　1 号机组效率—负荷曲线表**

| 测试点 | 负荷（MW） | 效率（%） |
|---|---|---|
| 1 | 1.38 | 50.18 |
| 2 | 2.38 | 60.86 |

续表

| 测试点 | 负荷（MW） | 效率（%） |
|---|---|---|
| 3 | 3.23 | 61.25 |
| 4 | 5.58 | 69.56 |
| 5 | 7.68 | 75.7 |
| 6 | 9.16 | 78.18 |
| 7 | 10.18 | 79.95 |
| 8 | 11.50 | 81.18 |
| 9 | 12.66 | 81.67 |
| 10 | 13.82 | 82.57 |
| 11 | 14.79 | 83.00 |
| 12 | 15.87 | 84.40 |
| 13 | 16.24 | 83.81 |
| 14 | 17.44 | 83.13 |

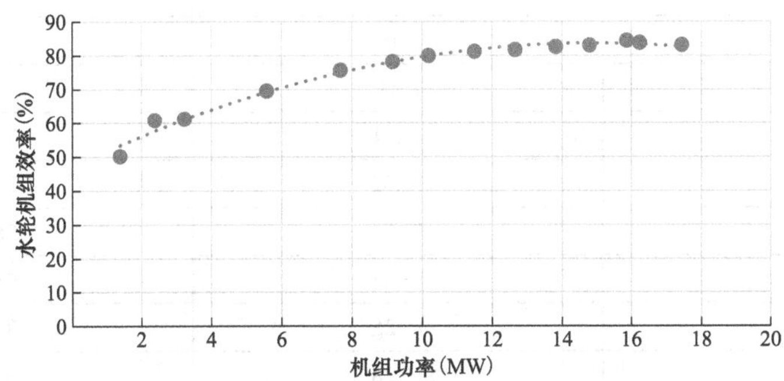


图 6-23　1 号机组效率—负荷曲线

**表 6-21　　2 号机组效率—负荷曲线表**

| 测试点 | 负荷（MW） | 效率（%） |
|---|---|---|
| 1 | 3.99 | 38.25 |
| 2 | 6.37 | 47.14 |
| 3 | 8.06 | 64.27 |
| 4 | 9.16 | 69.11 |
| 5 | 10.15 | 72.81 |
| 6 | 12.18 | 77.53 |
| 7 | 12.91 | 78.22 |
| 8 | 14.36 | 80.23 |
| 9 | 15.01 | 80.48 |
| 10 | 16.17 | 81.64 |
| 11 | 18.19 | 83.29 |

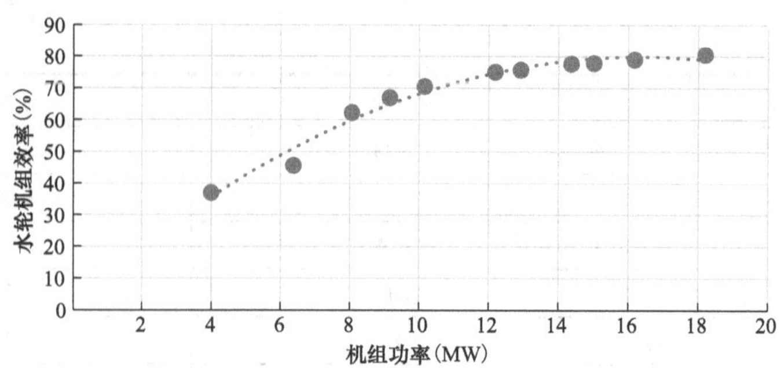


图 6-24　2 号机组效率—负荷曲线

表 6-22　　3 号机组效率—负荷曲线表

| 测试点 | 负荷（MW） | 效率（%） |
|---|---|---|
| 1 | 2.21 | 29.99 |
| 2 | 4.30 | 41.92 |
| 3 | 5.91 | 57.47 |
| 4 | 8.19 | 68.27 |
| 5 | 8.87 | 70.44 |
| 6 | 10.11 | 74.25 |
| 7 | 12.62 | 78.56 |
| 8 | 12.99 | 78.92 |
| 9 | 13.93 | 78.58 |
| 10 | 15.25 | 81.95 |
| 11 | 16.28 | 81.95 |
| 12 | 17.15 | 82.94 |
| 13 | 18.05 | 83.73 |

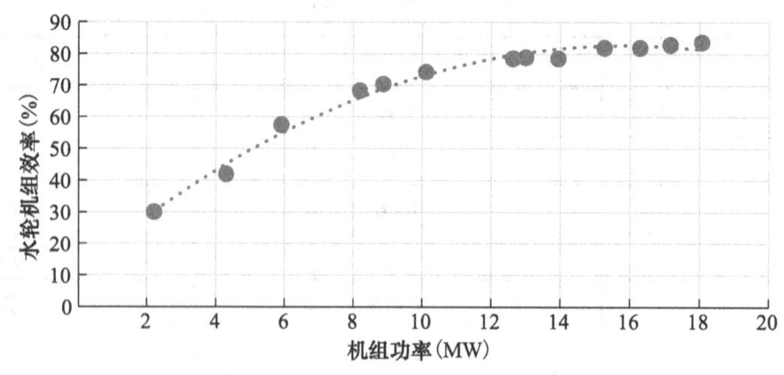


图 6-25　3 号机组效率—负荷曲线

对比分析如下：

（1）从表中可以看出，采用最优负荷分配策略之后，全电站综合平均效率普遍高于原负荷分配策略，总流量普遍低于原分配策略。

（2）只有当各机组能满负荷分配（如 54MW、36MW、18MW）或者总负荷已小于单机负荷的情况下，最优负荷分配策略和原分配策略，综合效率二者相同，全电站总流量也完全一致。

（3）相比于原分配策略，全电站给定总负荷偏离各机组满负荷工况点越大，最优负荷分配策略的总流量越小，总负荷越高，总流量减小量越大，在给定的水头下，总流量理想情况最大减小约 6.1%。

（4）相比于原分配策略，全电站给定总负荷偏离各机组满负荷工况点越大，最优负荷分配策略的综合效率越高，总负荷越高，综合效率提升越大，在给定的水头下，效率最大提升接近 6.9%。2016 年 A 电站基本运行情况统计如下：电站总负荷在 0～20MW 区间内运行占总运行时间的 3%；电站总负荷在 20～0MW 区间内运行占总运行时间的 5%；电站总负荷在 30～40MW 区间内运行占总运行时间的 9%；电站总负荷在 40～50MW 区间内运行占总运行时间的 68%；电站总负荷在 50～54MW 区间内运行占总运行时间的 15%。根据各个负荷统计情况计算得，该水头下 A 电站实际水能利用率提高 2.684%。